Springer-Verlag Berlin Heidelberg GmbH W 9

DIE VOLKSERNÄHRUNG

VERÖFFENTLICHUNGEN AUS DEM TÄTIGKEITSBEREICHE DES
**REICHSMINISTERIUMS
FÜR ERNÄHRUNG UND LANDWIRTSCHAFT**
HERAUSGEGEBEN UNTER MITWIRKUNG DES
REICHSAUSSCHUSSES FÜR ERNÄHRUNGSFORSCHUNG

1. Heft:
Das Brot

Von Professor Dr. med. et phil. R. O. Neumann
Geheimer Medizinalrat, Direktor des Hygienischen Instituts
der Universitat Bonn

1922. GZ. 1,4

2. Heft:
Nahrungsstoffe mit besonderen Wirkungen

unter besonderer Berücksichtigung der Bedeutung bisher noch unbekannter Nahrungsstoffe für die Volksernährung

Von Professor Dr. med. et phil. h. c. Emil Abderhalden
Geheimer Medizinalrat, Direktor des Physiologischen Instituts
der Universitat Halle a. S.

1922. GZ. 0,3

3. Heft:
Fette und Öle in der Ernährung

Von Professor Dr.-Ing., Dr. phil. A. Heiduschka
Direktor des Laboratoriums fur Lebensmittel- und Garungs-Chemie
der Technischen Hochschule Dresden

Erscheint Ende 1922

5. Heft:
Zucker und andere Süßstoffe

Von Dr. phil. et med. Theodor Paul
ord. Professor an der Universität Munchen, Direktor der Deutschen Forschungsanstalt
fur Lebensmittelchemie, Geheimer Regierungsrat und Obermedizinalrat

In Vorbereitung

Die Grundzahlen (GZ.) entsprechen den ungefähren Vorkriegspreisen und ergeben mit dem jeweiligen Entwertungsfaktor (Umrechnungsschlüssel) vervielfacht den Verkaufspreis. Über den zur Zeit geltenden Umrechnungsschlüssel geben alle Buchhandlungen sowie der Verlag bereitwilligst Auskunft.

DIE VOLKSERNÄHRUNG

VERÖFFENTLICHUNGEN AUS DEM TÄTIGKEITSBEREICHE DES
**REICHSMINISTERIUMS
FÜR ERNÄHRUNG UND LANDWIRTSCHAFT**
HERAUSGEGEBEN UNTER MITWIRKUNG DES
REICHSAUSSCHUSSES FÜR ERNÄHRUNGSFORSCHUNG

4. HEFT

UNSERE LEBENSMITTEL VOM STANDPUNKT DER VITAMINFORSCHUNG

WIRD VORAUSSICHTLICH DIE WEITERE ERFORSCHUNG DER PHYSIOLOGISCHEN BEDEUTUNG DER VITAMINE DIE BISHERIGE HERSTELLUNG, ZUBEREITUNG UND BEURTEILUNG DER LEBENSMITTEL WESENTLICH BEEINFLUSSEN?

VON

PROF. DR. PHIL. A. JUCKENACK
GEHEIMER REGIERUNGSRAT
MINISTERIALRAT IM PREUSS. MINISTERIUM FÜR VOLKSWOHLFAHRT
DIREKTOR DER STAATLICHEN NAHRUNGSMITTEL-UNTERSUCHUNGSANSTALT
BERLIN

SPRINGER-VERLAG BERLIN HEIDELBERG GMBH
1923

ALLE RECHTE VORBEHALTEN.

ISBN 978-3-662-34176-6 ISBN 978-3-662-34446-0 (eBook)
DOI 10.1007/978-3-662-34446-0

Softcover reprint of the hardcover 1st editon 1923

Vorwort.

Die für die Volksernährung und Volksgesundheit außerordentlich wertvollen medizinischen Arbeiten über lebenswichtige akzessorische Nährstoffe, die z. B. auch Vitamine, Nutramine und Ergänzungsstoffe genannt werden, gaben mir Anlaß, vom Standpunkte der allgemeinen Lebensmittelwissenschaft als Nahrungsmittelchemiker die Frage zu prüfen: „Wird voraussichtlich die weitere Erforschung der physiologischen Bedeutung der Vitamine die bisherige Herstellung, Zubereitung und Beurteilung der Lebensmittel wesentlich beeinflussen?"

Allerdings sind unsere bisherigen wissenschaftlichen Kenntnisse über die Vitamine, wie wir sehen werden, noch sehr lückenhaft. Infolgedessen hat auch der Reichsausschuß für Ernährungsforschung beim Reichsministerium für Ernährung und Landwirtschaft schon bei seiner Gründung das Vitaminproblem in den Bereich seiner Tätigkeit einbezogen. Die nachstehenden Betrachtungen glaubte ich schon deswegen anstellen zu sollen, um nicht nur die Lebensmittelverbraucher, sondern weiter auch die Nahrungsmittelchemiker, die Lebensmittelindustrie und den Lebensmittelhandel darauf hinzuweisen, was bisher über die Bedeutung der Vitamine und deren Vorkommen in unseren Lebensmitteln im allgemeinen bekannt ist, und nach welcher Richtung noch zahlreiche Fragen zu lösen sind, deren Bearbeitung große Mittel erfordert. Ich hoffe, hierdurch zugleich Industrie und Handel dazu anregen zu können, sowohl im öffentlichen als auch im eigenen Interesse für den Ausbau der Vitaminforschung Mittel zur Verfügung zu stellen, zumal dieses Geld voraussichtlich segensreich wirken würde.

In meinen Ausführungen habe ich im allgemeinen von einem Literaturnachweis abgesehen, da es sich um eine für weite Kreise, also nicht um eine lediglich für Fachgelehrte bestimmte Schrift handelt. Der wesentliche Inhalt dieser Schrift wurde im vorigen Monat auf der in Kassel abgehaltenen diesjährigen (XX.) Hauptversammlung des Vereins Deutscher Nahrungsmittelchemiker vorgetragen, der den Wunsch hatte, die einschlägigen Fragen im größeren Kreise zu erörtern.

Berlin-Charlottenburg, im Oktober 1922.   A. Juckenack.

Inhaltsverzeichnis.

Seite

Einführung 5
Was sind Vitamine? 9
1. Vitamin A 12
2. Vitamin B 14
3. Vitamin C 15
4. Vitamin D 16
Wie kommen diese Vitamine in der Natur zustande? 17
Einfluß der Vitaminforschung auf die Beurteilung von Lebensmitteln 19
1. Milch, Sahne und Trockenmilch 19
2. Kunstmilch, Kunsttrockenmilch und Kunstsahne 22
3. Eier 23
4. Butter, Butterschmalz und Butteröl 24
5. Rinderfett, Oleomargarin, Hammelfett und Pferdefett . 26
6. Margarine 27
7. Schweinefett 27
8. Käse 28
9. Margarinekäse 29
10. Molkenkäse (Ziger) 29
11. Fleisch, Fleischkonserven und Fleischextrakt 29
12. Fische 30
13. Lebertran 31
14. Kaviar und andere Fischrogen 32
15. Gemüse und Gemüsekonserven 33
16. Kartoffeln 34
17. Hülsenfrüchte (Erbsen, Bohnen, Linsen u. dergl.) . . . 35
18. Die pflanzlichen Fette 35
19. Getreide und Mehl (Roggen, Weizen, Hafer, Gerste, Reis, Hirse, Mais, Buchweizen u. dergl.) 37
20. Malz 38
21. Obst 39
22. Fruchtsäfte und Fruchtsirupe 40
23. Hefe und Backpulver 42
24. Honig und Kunsthonig 43
25. Traubenwein, Obstwein und Malzwein 44
26. Bier 44
27. Alkoholfreie Getränke 45
28. Zucker (Rübenzucker und Milchzucker) 45
29. Essig 46
30. Diätetische Nährmittel 47
31. Verhalten der Vitamine gegen Konservierungsmittel . . 48

Als die genialen und unendlich segensreich wirkenden Arbeiten Robert Kochs sowie auch die Arbeiten seiner Schüler über Infektionskrankheiten unter anderem die exaktwissenschaftlichen Grundlagen für die Herstellung keimfreier Lebensmittel lieferten, und damit die Möglichkeit für die Entwicklung der modernen Konservenindustrie gegeben wurde, die bezweckt, unter Anwendung von Hitze — teils sehr hoher Hitzegrade, teils wiederholter Erhitzung auf etwa 100° — die Mikroorganismen und deren Sporen, soweit solche in Betracht kommen, zu zerstören, um so Lebensmittel zu sterilisieren, ahnte man nicht, daß dieser Fortschritt der Wissenschaft neben einer Verbesserung der Lebensmittel unter Umständen zugleich eine Verschlechterung in ernährungsphysiologischer Hinsicht zur Folge haben kann. Denn man nahm sinnlich keine Zersetzung an den Konserven wahr, konnte auch anderweitig keine nachteilige Beeinflussung der bis dahin bekannten wichtigsten Nährstoffe feststellen. Für besonders harmlos galt vom ernährungsphysiologischen Standpunkt der Vorschlag Pasteurs, verschiedene, der Zersetzung durch Kleinlebewesen leicht unterliegende Lebensmittel dadurch im frischen Zustande für den Verbrauch länger haltbar zu machen, daß man sie auf gewisse, mehr oder weniger unter 100° liegende Temperaturen kurze oder längere Zeit erhitzt. Pasteurisieren und Sterilisieren spielten bald in großem Umfange eine Rolle. Allerdings hatte schon im Jahre 1809 der französische Koch und Konditor François Appert ein Verfahren zur Herstellung haltbarer Konserven verschiedener Art bekanntgegeben, zu dem ihn die Versuche des italienischen Professors Lazzaro Spallanzani, zersetzungsfähige Stoffe nach gründlichem Durchkochen in festverschlossenen Flaschen unzersetzt zu erhalten, angeregt hatten, jedoch hatte Appert noch nicht die wissenschaftliche Grundlage seines Verfahrens erkannt, weil man seinerzeit von den Bakterien und anderen ähnlichen Kleinlebewesen sowie deren Eigenschaften noch nichts wußte. Infolgedessen handelte es sich beim Appertschen Verfahren im wesentlichen um empirisch, also nicht um exakt wissenschaftlich gemachte Beobachtungen und somit auch nicht um industriell sorgfältig ausbaufähige Versuche, ganz abgesehen davon, daß damals für die

Herstellung von Dauerkonserven in Großbetrieben noch kein hinreichender Anlaß vorlag. Aber schon v. Behring, ein Schüler Kochs, hatte gegen das Abkochen der für den Säugling bestimmten tierischen Milch Bedenken geäußert, weil hierdurch unter Umständen die in der Milch enthaltenen Enzyme und natürlichen Schutzstoffe gegen Infektionskrankheiten nachteilig beeinflußt, sogar zerstört werden. v. Behring versuchte daher, frische Milch chemisch keimfrei zu machen, um sie ohne jegliche Erhitzung, also roh dem Säugling verabreichen zu können. v. Behring wußte aber noch nicht, daß, sofern sein Verfahren im Hinblick auf die Eigenschaften des verwendeten chemischen Konservierungsmittels (Formaldehyds) gesundheitlich für den Säugling bedenkenfrei gewesen wäre (was seinerzeit von der Wissenschaftlichen Deputation für das Medizinalwesen in Preußen mindestens bezweifelt wurde), derartig konservierte Milch noch weitere und zwar ebenfalls wichtige Eigenschaften für den Säugling behalten hätte, die durch Kochen, insbesondere durch hohes, längeres oder wiederholtes Erhitzen nachteilig beeinflußt werden. Zu diesen Eigenschaften gehört — ganz abgesehen von der Beeinflussung anderer Nährstoffe durch die Hitze — die Wirkung der sogenannten Vitamine auf die Ernährung, den Gesundheitszustand und das Wachstum der Säuglinge. Aber nicht etwa nur für den Säugling interessieren die Vitamine, sondern ganz allgemein für den Menschen und seine Nutztiere. Sie stehen daher zur Zeit im Vordergrunde des ernährungswissenschaftlichen Interesses, nachdem man ihre große physiologische Bedeutung für die Volksgesundheit erkannt hat.

Die Aufgaben des Nahrungsmittelchemikers liegen nicht etwa nur auf analytischen Gebieten, sondern er hat sich allgemein mit Lebensmittelfragen im Hinblick auf die Volksernährung, also weitestgehend mit der Lebensmittelwissenschaft und -wirtschaft, somit auch mit der Gewinnung, Zubereitung und Beurteilung der Lebensmittel zu befassen, da aus den im vorigen Jahre von mir im Verein Deutscher Nahrungsmittelchemiker entwickelten Gesichtspunkten (vgl. A. Juckenack: ,,Über Ernährungsfragen vom Standpunkte der Wissenschaft, Wirtschaft und Gesetzgebung", Zeitschrift für Untersuchung der Nahrungs- und Genußmittel Bd. 43 S. 9—23, Ministerialblatt ,,Volkswohlfahrt" 2. Jahrg. 1921 S. 478—481) heute ein Zusammenarbeiten aller Vertreter der die Ernährungsfragen berührenden Zweige der Naturwissenschaft erforderlich ist, wenn großzügig etwas wirklich Ersprießliches geleistet werden soll. Der Nahrungsmittelchemiker hat demnach ebenfalls die Entwicklung der physiologischen und klinischen Forschungen über die Vitamine sorgfältig zu verfolgen, um prüfen zu können, welchen Einfluß die Ergebnisse dieser Forschungen auf die Herstellung, Zubereitung und Beurteilung der Lebensmittel haben werden oder haben können. Denn gerade er steht den einschlägigen wirtschaftlichen, gewerblichen und technischen Fragen infolge seiner Berufstätigkeit besonders nahe, und seine technologischen Kenntnisse geben ihm fortgesetzt dazu Anlaß, darüber nachzudenken, ob auf Grund der Ergebnisse der physiologischen und klinischen Forschungen die höchst bedeutungsvollen gegenwärtigen ernährungswissenschaftlichen Probleme auf breiter Basis im Interesse der Allgemeinheit weiter geklärt und gelöst werden können. Im Rahmen der Vitaminforschung wird sich manche bisher bei der Beurteilung der Lebensmittel vertretene Anschauung ändern. Nach dieser Richtung sei nur Folgendes kurz vorab bemerkt:

In den letzten Jahren vor dem Kriege wurden im Reichsgesundheitsrat im Hinblick auf die in Aussicht genommene anderweitige Gestaltung der deutschen Lebensmittelgesetzgebung[1] „Entwürfe zu Festsetzungen über Lebensmittel" beraten, die alsdann vom Reichsgesundheitsamt herausgegeben worden sind. Im Heft 2 dieser Entwürfe betr. „Speisefette und Speiseöle" heißt es unter „Grundsätze für die Beurteilung": „Als verfälscht, nachgemacht oder irreführend bezeichnet sind anzusehen... 8. Butter oder Butterschmalz, die andere Konservierungsmittel als Kochsalz oder sonstige fremde Stoffe enthalten, unbeschadet der Färbung mit kleinen Mengen unschädlicher Farbstoffe; 9. künstlich gefärbte Butter, sofern sie als Grasbutter bezeichnet ist." Hiernach soll also die künstliche Gelbfärbung der Butter zulässig sein, sofern derartig gefärbte Butter nicht etwa als „Grasbutter" bezeichnet ist, was bekanntlich im Verkehr praktisch keine Rolle spielt. Man war im allgemeinen von der Auffassung ausgegangen, daß

---

[1] Vergl. meine im Jahre 1921 ebenfalls im Verlage von Julius Springer erschienene kleine Broschüre: „Die deutsche Lebensmittelgesetzgebung, ihre Entstehung, Entwicklung und künftige Aufgabe."

in einer derartigen Färbung lediglich ein „Schönen", nicht aber die Verleihung des Scheines einer besseren (wertvolleren) Beschaffenheit zu erblicken sei (lediglich das Schönen ist nach der Rechtsprechung keine Verfälschung, da es keine Täuschung, sondern nur die Verleihung eines gefälligeren Aussehens bezweckt). Im Rahmen der Vitaminforschung werden wir aber sehen, daß Stallbutter durch die künstliche Gelbfärbung den Anschein ernährungsphysiologisch weit wertvollerer Butter erhalten kann. Im Heft 1 der genannten Entwürfe, in dem die Honigfrage behandelt wird, heißt es: „Als verfälscht, nachgemacht oder irreführend bezeichnet sind anzusehen . . . 7. Honig, der so stark erhitzt worden ist, daß die diastatischen Fermente zerstört sind, sofern nicht die Art der Vorbehandlung aus der Bezeichnung hervorgeht." Man glaubte demnach, daß der Honig durch die Erhitzung vornehmlich hinsichtlich seines Gehaltes an diastatischen Fermenten verändert und zwar verschlechtert werde, weil diesen Fermenten eine gewisse Bedeutung beigelegt wird, ahnte aber noch nicht, daß durch die Erhitzung unter Umständen gewisse Vitamine unwirksam werden können, denen ernährungsphysiologisch vielleicht eine ebenso große Bedeutung wie den Enzymen zukommt. Weiter war man bisher der Ansicht, daß aus gesundheitlich einwandfreien Rohstoffen hergestellte Margarine im Nährwert Butter mit gleichem Fettgehalt zu ersetzen vermöge, daß sie also lediglich in ihrem Genußwert der guten Butter mehr oder weniger nahestehe. Nunmehr ist aber, wie wir sehen werden, diese Ansicht nicht mehr haltbar. Weiter kann z. B. eine aus Magermilch und Kokosfett hergestellte Kunstmilch für die Ernährung von Säuglingen überhaupt nicht in Frage kommen, obwohl ihr Nährwert kalorisch dem der Kuhmilch entsprechen kann. Tritt beim Verfälschen der Vollmilch durch Entrahmung lediglich eine dem Fettentzuge entsprechende Verschlechterung ein, oder werden mit dem Fett zugleich andere, für den Säugling lebenswichtige Stoffe entfernt? Läßt sich weiter die Ansicht noch aufrechterhalten, daß für die Ernährung derjenigen Säuglinge, die auf Kuhmilch angewiesen sind, solche Kuhmilch am vorteilhaftesten ist, die nach den Vorschriften der Milchpolizeiverordnungen durch Trockenfütterung gewonnen ist, oder sollte nicht die Milch von Kühen, die mit Grünfutter ernährt werden, insbesondere von Weidekühen, weit weit wertvoller sein? Sollten nicht etwa auch bei der Frage der Beurteilung der Sauermilch — vgl. die Bedeutung, die seinerzeit der bekannte Bakteriologe Metschnikoff dem Yoghurt für die Volksgesundheit und Lebensverlängerung beigelegt hat — die Vitamine ebenfalls eine Rolle spielen? Ist Lebertran seiner Zusammensetzung nach ein Nahrungs- oder Heilmittel? Auf diese und alle weiteren Einzelfragen möchte ich an dieser Stelle noch nicht eingehen, vielmehr zunächst noch allgemeine Fragen erörtern.

Was sind Vitamine?

Der Name deutet lediglich an, daß es sich um lebenswichtige Stoffe handelt, gibt jedoch im übrigen über diese Körper keinerlei Aufschluß. Es sind für sie bisher auch noch andere Bezeichnungen vorgeschlagen worden. Man spricht z. B. auch von Nutraminen, akzessorischen Nährstoffen oder Ergänzungsstoffen, die für den Lebensprozeß ebenso wichtig sind wie die bis dahin bekannt gewesenen Nährstoffe, da sie für die Erhaltung, das Wachstum und die Gesundheit des Menschen und Tieres von ebenso großer Bedeutung sind wie die zum Körperaufbau dienenden oder die Verbrennungswärme (Kalorien) usw. liefernden Nährstoffe, obwohl sie neben diesen nur in quantitativ sehr geringen Mengen erforderlich sind, diese also gewissermaßen nur ergänzen. Hinsichtlich der chemischen Struktur ist über die Vitamine bisher so gut wie gar nichts bekannt. Hier, ebenso wie bei den zahlreichen Enzymen, kennen wir zwar charakteristische physiologische Wirkungen, jedoch können wir uns in chemischer Hinsicht von den Körpern selbst eine bestimmte Vorstellung noch nicht machen. Allerdings sind schon Vermutungen dahin geäußert worden, daß die Vitamine teils organischen Phosphorsäureverbindungen, teils Aminosäuren oder Aminen chemisch nahestehen dürften, jedoch erübrigt es sich, hierauf näher einzugehen, da diese Vermutungen bisher der objektiven Grundlage entbehren. Vielleicht stehen die Vitamine wegen ihres allgemeinen Verhaltens den Enzymen nahe. Die Vitamine sind zum Teil in Wasser löslich, zum Teil kann man sie zusammen mit anderen Stoffen mit Alkohol und Äther extrahieren, auch kann man sie nach englischen Arbeiten zum Teil an Fullererde (Walkererde) binden, aber es ist noch nicht gelungen, sie aus derartigen Extrakten auch nur halbwegs rein zu isolieren. Die mit den angegebenen Mitteln erzielte Anreicherung läßt sich also zur Zeit lediglich physiologisch, aber nicht chemisch feststellen. Die Vitamine scheinen zudem jedenfalls zum Teil sehr reaktionsfähig, insbesondere gegen Oxydationsmittel empfindlich zu sein, zum Teil werden sie durch Hitze, namentlich bei Anwesenheit von Alkali, leicht zerstört. Eine außerordentlich dankenswerte Aufgabe für den forschenden Chemiker ist es, hier, ebenso wie in der Enzymfrage, Klarheit zu schaffen. Bis dahin, was unter Umständen noch lange Zeit dauern kann, darf aber auch der Nahrungsmittelchemiker nicht achtlos an den Vitaminproblemen vorübergehen; denn allein schon die bisher beobachteten Wirkungen der Vitamine geben zu ernstem Nachdenken nach der von mir zu erörternden Richtung Anlaß. Noch während des Krieges legte man bei der Beurteilung der Nahrung den Schwerpunkt auf ihren Gehalt an Eiweißstoffen, Fetten und Kohlehydraten. Selbst der Bedeutung der in den Lebensmitteln enthaltenen anorganischen (mineralischen) Stoffe für die Volksernährung und Volksgesundheit ist bis vor kurzem nicht die Beachtung geschenkt worden, die ihr zukommt (vgl. u. a. meine zuvor erwähnten vorjährigen Ausführungen). Heute wissen wir bereits bedenkenfrei, daß für den gesamten Stoffwechsel außer den bisher bekannten und soeben erwähnten Stoffen auch noch solche unbedingt notwendig sind, deren Chemismus wir noch nicht kennen. Ist es nicht auffallend, daß gerade der wachsende Organismus gewissermaßen einen Heißhunger auf vitaminreiche rohe Lebensmittel hat? Greift nicht das Kind mit Vorliebe im Garten zur frischen Karotte, zur Tomate, zum Obst aller Art, selbst wenn es noch mehr oder weniger unreif ist, zu jungen frischen Erbsen, frischen Haselnüssen usw.? Wie sehr sehnen sich die Kühe, Ziegen, Pferde, Hühner, Kaninchen und anderen Haustiere, die im Stall gehalten werden, nach Grünfutter. Muß man nicht z. B. den jungen Gänschen gehackte frische Brennesselblätter unter das Futter mischen, um sie zur kräftigen Entwicklung zu bringen, den jungen Kaninchen Löwenzahn-, Klee- und andere Blätter reichen? Versteht es nicht die Ziege, sobald sie Bewegungsfreiheit hat, meisterhaft, Blätter verschiedenster Art für sich auszuwählen? Gedeiht das im Frühjahr geborene und bei Grün-

Was sind Vitamine? 11

futter aufwachsende Ziegenlamm nicht ganz anders als das im Herbst geborene, in seiner Hauptwachstumsperiode auf Stallfutter angewiesene Lamm? Sollte es sich lediglich durch die Bewegung in frischer Luft erklären lassen, daß sich nur das im Frühjahr geborene Lamm zur Aufzucht als Milchziege, überhaupt als Zuchttier eignet? Sehen Kinder im Winter etwa bloß deshalb blaß und oft jämmerlich aus, weil sie sich viel in geschlossenen Räumen aufhalten müssen, oder auch wohl deshalb, weil dann ihre Ernährung, besonders durch das Fehlen frischer grüner Gemüse, unzureichend ist? Handelt es sich bei dem Verlangen des wachsenden Menschen und Tieres nach rohen Lebensmitteln der angegebenen Art etwa nur um Genußsucht oder nicht etwa um natürliches Bedürfnis? „Die Begierde nach frischer Nahrung hat wohl mehr Leben gerettet, als durch Keime in der Nahrung vernichtet worden sind" (Karl Thomas).

Bevor ich einzelne wichtige Lebensmittel im Rahmen der bisherigen Ergebnisse der Vitaminforschung für sich näher bespreche, möchte ich einen kurzen Überblick über die bisher an ihren Wirkungen erkannten Vitamine geben, obwohl ich hierbei zum Teil schon in weiteren Kreisen allgemein Bekanntes wiederholen muß. Schöne Zusammenstellungen der Ergebnisse der Vitaminforschung vom medizinischen Standpunkte sind in neuster Zeit von Prof. Dr. Wilhelm Stepp in der Klinischen Wochenschrift 1922 (S. 881 u. 931) sowie im Ministerialblatt „Volkswohlfahrt" 1922 (S. 422) veröffentlicht worden, auf die, ebenso wie auf die vom Reichsministerium für Ernährung und Landwirtschaft mit dem Reichsausschuß für Ernährungsforschung herausgegebene Abhandlung „Nahrungsstoffe mit besonderer Berücksichtigung der Bedeutung bisher noch unbekannter Nahrungsstoffe für die Volksernährung" von Geheimrat Prof. Dr. Emil Abderhalden besonders hinzuweisen ich nicht verfehlen möchte.

Auf das Fehlen von Vitaminen in der Nahrung und somit auch auf unzulängliche Beschaffenheit der Nahrung sind bekanntlich unter anderem verschiedene Krankheiten zurückzuführen, die Insuffizienzkrankheiten oder Mangelkrankheiten, auch Avitaminosen genannt werden. Man unterscheidet im allgemeinen die folgenden 3 Gruppen von Vitaminen:

1. Das Vitamin A (fettlösliches Vitamin A, fettlöslicher Faktor A, fettlösliches Komplettin A, lipoider Faktor, antirachitisches Prinzip der Engländer, Nahrungslipoide Stepps). Die Unentbehrlichkeit gewisser fettähnlicher Stoffe (Lipoide) wurde zuerst von W. Stepp in Versuchen an weißen Mäusen nachgewiesen, die zugleich die Annahme einer neuen Nährstoffklasse neben den bisher bekannten rechtfertigte. Es handelt sich bei diesen Vitaminen um Begleitstoffe der Fette, die nicht nur in Fetten, sondern ebenso wie diese auch in Alkohol und Äther löslich sind. Sie spielen also in den Fetten neben Phosphatiden (u. a. Lezithin), Cholesterin und Phytosterin eine Rolle. Beachtenswert ist, daß gerade die an Phosphatiden und Cholesterin besonders reichen Gebilde wie z. B. die Vogeleier, Getreidekeimlinge, Stierhoden und Kabeljauhoden auch sehr viel Vitamin A enthalten. Weiter finden wir auffallend große Mengen dieses Vitamins z. B. im Fett der Leber, jedoch komme ich auf den Vitamingehalt der wichtigsten Lebensmittel noch näher zurück. Die frühere Annahme, daß das Vitamin A gegen Hitze sehr empfindlich sei, ließ sich nicht aufrechterhalten, da man z. B. Butterfett $2^1/_2$ Stunden mit strömendem Wasserdampf behandeln kann, ohne daß die Wirksamkeit des Vitamins A wesentlich beeinträchtigt wird. Man kann sogar Butter unter Luftentzug eine Stunde ohne Schaden auf 120° erhitzen. Andererseits ist dieses Vitamin aber gegen Oxydation sehr empfindlich. Wird also das Fett während des Erhitzens mit einem Luftstrom behandelt, so wird die Vitaminwirkung zerstört. Dies ist zu beachten, wenn z. B. Fette in der Pfanne unter Umrühren erhitzt, also z. B. Bratkartoffeln in Butter gebraten werden. Auf die Oxydation durch Luftsauerstoff ist es auch zurückzuführen, daß Butter, die in dünner Schicht ranzig geworden ist, Vitamine nicht mehr enthält. Das Vitamin A ist in zahlreichen Lebensmitteln anzutreffen und zwar nicht etwa nur in solchen, die verhältnismäßig reich an Fett sind. Denn z. B. finden wir es ebenfalls in erheblichen Mengen in Tomaten, grünen Gemüsen, insbesondere im Spinat und im Grünkohl, im Kopfsalat, in frischen Kleeblättern, in Löwenzahnblättern, in Knollen und Wurzeln. Von den Fetten sind hinsichtlich ihres einschlägigen Vitamingehaltes besonders der Lebertran, das Milchfett, das Eieröl, das Fischöl, auch der Walfischtran und das Nierenfett zu erwähnen.

Der Vitamingehalt der tierischen Fette hängt, was besonders beachtenswert ist, und worauf ich noch näher zurückkommen werde, von der Art der Ernährung der Tiere ab. In manchen Lebensmitteln steht sogar der Gehalt an Vitamin A in einm direkten Verhältnis zum Gehalt an Farbstoff (z. B. im Butterfett, in den Tomaten und Karotten). Je höher der Gehalt der Butter an natürlichem gelben Farbstoff ist, um so höher ist also ihr Gehalt an Vitaminen A! Fehlt das Vitamin A in der Nahrung, so treten verschiedene Störungen auf. Z. B. bleiben junge, noch wachsende Tiere zunächst im Gewicht stehen; demnächst sinkt das Gewicht, und schließlich gehen die Tiere ein; bei ausgewachsenen Tieren tritt der Gewichtsverlust viel langsamer ein; überhaupt ist gegen das Fehlen dieses Vitamins der wachsende Organismus weit empfindlicher als der ausgewachsene. Übrigens üben auch die beiden anderen Vitamine auf das Körpergewicht und das Wachstum einen erheblichen Einfluß aus. Unter dem Mangel an Vitamin A leiden weiter die normale Ernährung der Hornhaut und der Aufbau sowie die Erhaltung des Knochensystems. Infolgedessen hängen mit dem Mangel an diesem Vitamin entsprechende Krankheiten, wie z. B. Xerophthalmie (trockene Augenentzündung) und Keratomalazie (Hornhauterweichung) sowie Rachitis bzw. Osteoporose und Hungerosteomalazie (Erkrankungen des Knochensystems) zusammen. Es ist sogar die Ansicht ausgesprochen worden, daß das in Dänemark häufig beobachtete Erblinden der Kinder auf dem Lande seine Ursache in der Xerophthalmie und Keratomalazie hätte, die ihrerseits darauf zurückzuführen seien, daß dort fast ausschließlich Magermilch und Margarine anstelle von Vollmilch bei der Kinderernährung Verwendung finde. Beobachtungen haben gelehrt, daß ein Brustkind, das sich nur langsam entwickelte, weit schneller gedieh, als der Mutter täglich 30 g frischer Karottensaft und 50 g Butter zu der bisherigen Kost gegeben wurde. In einem anderen Falle wurde ein entsprechendes Ergebnis durch Beigabe von Rübensaft und Lebertran zur Nahrung der Mutter erzielt. Überhaupt lassen die bisherigen Erfahrungen darauf schließen, daß das fettlösliche Vitamin aus der Nahrung der Mutter und des Muttertieres in die Milch übergeht. Weiter ist aber auch die außerordentlich interessante Beobachtung gemacht worden, daß bei rachitischen Kindern die mangelhafte Kalkaufnahme durch

Verabfolgung von frischem Preßsaft aus gelben Rübchen bei gleichbleibender Kalkzufuhr ganz auffallend gebessert wurde. Wurde jedoch der Preßsaft zunächst auf 120° erhitzt, so war er unwirksam. Mithin steht anscheinend die Verwertung der anorganischen Nährstoffe im Körper ebenfalls mit der Anwesenheit von gewissen Vitaminen in der Nahrung in Verbindung.

2. Das Vitamin B (wasserlöslicher Faktor B, wasserlösliches Vitamin B, Wachstumskomplettin B, antineuritisches Prinzip, Antineuritin, Beriberischutzstoff).

Die Anwesenheit dieses Vitamins in gewissen Lebensmitteln stützte seinerzeit C. Funk auf die schon im Jahre 1897 von Eijkman gemachte Beobachtung, daß Hühner, die mit weißem entschältem Reis ernährt werden, an einer der menschlichen Beriberi durchaus entsprechenden Erkrankung mit schweren Degenerationserscheinungen an den peripheren Nerven zugrunde gehen. Diese Beobachtung war neben den schon erwähnten Feststellungen von Stepp über unzureichende Ernährung der Ausgangspunkt der Vitaminforschung. In chemischer Hinsicht ist auch von diesem antineuritischen Körper nichts bekannt. Fehlt er jedoch in der Nahrung, oder liegt er dort nur in unzulänglichen Mengen vor, so treten bald Stoffwechselstörungen ein, die demnächst wieder verschwinden, sobald mit der Nahrung ausreichende Mengen dieses Vitamins dem Körper zugeführt werden. Beim Fehlen des Vitamins B geht insbesondere der Appetit und damit die Nahrungsaufnahme zurück; infolgedessen nimmt die allgemeine Schwäche immer mehr und mehr zu; später werden Störungen des Nervensystems beobachtet, und schließlich tritt unter zunehmender Schwäche der Tod ein. Für normales Gedeihen ist demnach eine regelmäßige Zufuhr bestimmter Mindestmengen des Vitamins B notwendig, die bei den verschiedenen Individuen verschieden groß sein dürften. Das Vitamin B ist also nicht nur ein starkes Stimulans für den Stoffwechsel, das die Zellatmung anregt, und ein Anreger der Verdauungsdrüsen (ähnlich wie gewisse Aminosäuren), sondern es ist auch für eine ungestörte Tätigkeit des Nervensystems unbedingt erforderlich.

Auffallend hoch ist der Gehalt an diesem Vitamin in einzelligen Lebewesen, die sich, wie die Hefe, schnell vermehren. Weiter spielt das Vitamin B in zahlreichen pflanzlichen Lebensmitteln, z. B. im Getreide, in Hülsenfrüchten, in der Kartoffel, in vielen Gemüsen, besonders im Grünkohl, Spinat und Weißkohl, im Salat, in den Zwiebeln und in saftigen Früchten eine Rolle, was bei der Besprechung der einzelnen Lebensmittel noch näher erörtert werden wird. Aber auch in verschiedenen tierischen Nahrungsmitteln, wie Milch, Eigelb, Leber, Nieren, Herz usw. ist dieses Vitamin in zum Teil beträchtlichen Mengen anzutreffen. Seine Empfindlichkeit gegenüber dem Erhitzen ist nicht so bedeutend, wie man früher annahm. Das übliche Kochen der Speisen vermag es nicht wesentlich in seiner Wirkung zu beeinträchtigen; insbesondere ist es in sauren Speisen verhältnismäßig gut haltbar, während es durch längeres Erhitzen unter Druck, namentlich bei alkalischer Reaktion, schnell zerstört wird. Auch gegen Trocknen, Pökeln und Räuchern ist es empfindlich.

3. Das **Vitamin C** (antiskorbutischer Faktor, antiskorbutische Substanz, antiskorbutisches Komplettin C, Antiskorbutin).

Seitdem man erkannt hat, daß der Skorbut eine Insuffizienzkrankheit, also auf den Mangel an Vitaminen in der Nahrung zurückzuführen ist, hat dieses Vitamin für die menschliche Ernährung besondere Bedeutung erlangt, zumal infolge der Ernährung während des Krieges und in der Nachkriegszeit vielfach eine starke Verbreitung des Skorbuts zu beobachten war und auch unter den gegenwärtigen wirtschaftlichen Verhältnissen noch zu beobachten ist. Ebenso wie der Skorbut infolge des Mangels der Nahrung an dem Vitamin C auftritt, kann er durch die Zufuhr von solchen Lebensmitteln, in denen dieses Vitamin eine wesentliche Rolle spielt, verhindert oder geheilt werden. Es gibt zahlreiche Lebensmittel, in denen das Vitamin C vorkommt (z. B. in den Kartoffeln, in den Kohlrüben und anderen Rüben, in jungen grünen Erbsen, in fast allen saftigen Früchten sowie auch in der Kuhmilch).

Das Vitamin C ist gegen äußere Einflüsse am empfindlichsten. Kurzes Erhitzen der Lebensmittel auf Siedetemperatur schädigt das Vitamin weniger als längere Einwirkung einer wesentlich niedrigeren Temperatur. Sehr empfindlich ist es gegen langes Erhitzen unter Druck bei Temperaturen über mehr als 100°, was z. B. bei der Herstellung verschiedener Konserven in Frage kommt. Weiter ist es auch gegen Alkali sehr empfindlich, während organische Säuren es nicht nachteilig beeinflussen, unter Umständen sogar eine Schutzwirkung ausüben. Beim Trocknen an der Luft verliert das Vitamin C bald seine Wirkung; überhaupt nimmt der Antiskorbutingehalt der Lebensmittel bei längerem Aufbewahren sehr stark ab. Auch auf dieses Vitamin ist der wachsende Organismus weit mehr angewiesen als der ausgewachsene. Allerdings scheinen gewisse Tiere — z. B. die Ratte und die Vögel — das Vitamin C nicht nötig zu haben. Beachtenswert ist weiter, daß bei der Keimung der pflanzlichen Samen und zwar unmittelbar beim Eintritt der Keimung in den Keimblättern ererhebliche Mengen des Vitamins C gebildet werden. Auch in der Milch hat es eine wesentliche Bedeutung; auch hier ist sein Gehalt — ebenso wie der des Vitamins A — von der Ernährung der Mutter und des Muttertieres abhängig.

Der Chemismus des Vitamins C liegt noch ganz im Dunkeln. Wir wissen nur, daß es gegen physikalische und chemische Einflüsse verschiedener Art sehr empfindlich ist. Von allen Vitaminen wird es am leichtesten zerstört.

In neuerer Zeit wird auch noch ein **Vitamin D** (Komplettin D) und zwar als Begleiter des Vitamins B vermutet, jedoch steht dessen Existenz bisher noch nicht sicher fest. Beim Fehlen dieses Vitamins in der Nahrung soll Marasmus (Entkräftung) mit charakteristischen Degenerationserscheinungen eintreten. Angeblich kommt dieses Vitamin in der Milch, in jungen Erbsen, in jungen Bohnen, im Getreide, im Obst, in Knollen und Wurzeln, aber nicht in Fetten und Ölen vor,

Ganz allgemein muß gesagt werden, daß unsere bisherigen Kenntnisse über die Vitamine nicht nur hinsichtlich des chemischen Aufbaus und der in den Lebensmitteln vorhandenen tatsächlichen Mengen, sondern überhaupt noch recht lückenhaft sind, und daß somit die Vitaminfragen noch nach allen Richtungen hin sehr sorgfältiger systematischer Durchforschung bedürfen.

Zu der Erkenntnis, daß neben den schon vorher bekannt gewesenen wichtigsten Nährstoffgruppen (Eiweißstoffen, Fetten, Kohlenhydraten und anorganischen Stoffen) in der Nahrung noch weitere wichtige Nährstoffe vorhanden sein müssen, kam man insbesondere bei Tierversuchen, die bezweckten, aus reinen chemischen Körpern, die den bis dahin bekannten Nährstoffgruppen angehörten, künstlich eine Nahrung zusammenzustellen, sowie weiter bei der Erforschung gewisser Krankheiten, bei denen man längst einen Zusammenhang mit der Ernährung beobachtet hatte, nämlich der Beriberi und des Skorbuts. In der eingangs dieser Ausführungen erwähnten Schrift von Abderhalden sind die Erscheinungen näher beschrieben worden, die z. B. auftreten, wenn man Hühner und vor allem Tauben ausschließlich mit geschältem Reis oder mit reinen Nahrungsstoffen wie reinem Eiweiß, Zucker, den Bausteinen der Fette und Mineralstoffen ernährt, und wie wirksam die Erkrankungen alsdann durch Reiskleie, Getreidekeime und insbesondere Hefe beeinflußt werden. Es ist dort gezeigt, welche Erscheinungen z. B. bei Meerschweinchen eintreten, wenn sie einseitig mit geschälten Getreidekörnern, geschälten Erbsen usw. ernährt werden, wie diese Erscheinungen mit dem Skorbut des Menschen übereinstimmen, und daß man die erkrankten Meerschweinchen, ebenso wie die an Skorbut erkrankten Menschen, durch Fruchtsäfte, frisches Gemüse (Meerschweinchen z. B. auch durch Löwenzahn und Sauerampfer) heilen kann. Weiter sind dort Versuche an Ratten mitgeteilt worden, die monatelang nur mit geschälten Getreidekörnern, Erbsen, Bohnen, Lupinen, Mais usw. gefüttert wurden und dann stets nach mehr oder weniger langer Zeit schwere Störungen (Krämpfe, Lähmungen, Störungen der Augen und des Felles) erkennen ließen, die aber mit Hilfe von etwas Hefe, Lebertran, frischem Gemüse usw. beseitigt werden konnten. Sehr interessant war auch die Beobachtung, daß die Tiere, die längere Zeit ganz einseitig ernährt wurden, sich nicht mehr fortzupflanzen vermochten, daß diese Fähigkeit jedoch wieder auftrat, sobald die Nahrung entsprechend geändert wurde. Aber nicht nur das trat ein, sondern z. B. auch ein Stillstand im Wachstum, der ebenfalls durch Milch, Butter, Lebertran, Hefe usw. zu beseitigen war, also durch Wachstumsstoffe, die in Form von sogenannten Vitaminen in den Zusätzen zur Nahrung enthalten waren. Bei Vitaminmangel tritt demnach u. a. Atrophie der Hoden, der Eierstöcke, der Milz, des Herzens, der Leber, des Gehirns usw. ein.

Wie kommen die Vitamine in der Natur zustande?

Nach allen bisherigen Beobachtungen scheinen der menschliche und tierische Körper sie nicht bilden zu können. Der Pflanzenfresser entnimmt sie unmittelbar der vegetabilischen Nahrung, der Fleischfresser dem Pflanzenfresser und somit mittelbar der

Pflanze. Ob die Pflanzen, die bekanntlich in ganz hervorragendem Maße befähigt sind, Körper verschiedenster Art in ihrem Lebensprozeß aufzubauen, auch alle Vitamine selbst erzeugen (im Keimling des Getreides wird jedenfalls erst beim Keimen das Vitamin C in beträchtlichen Mengen gebildet), oder ob die Pflanzen die Vitamine mehr oder weniger etwa dem Ackerboden entnehmen, wo sie unter dem Einfluß von Bodenbakterien gebildet werden könnten (vgl. Abderhalden), steht noch nicht fest.

Da über die chemische Struktur der Vitamine bisher näheres nicht bekannt ist, zudem diese Körper bisher rein noch nicht vorgelegen haben, war es schwer, ihr Verhalten gegen solche Einflüsse zu studieren, die bei der Zubereitung der Nahrung eine Rolle spielen. Hinzu kommt, daß es vermutlich nicht etwa nur 3 bis 4 Vitamine gibt, sondern daß vielmehr die Faktoren A, B, C und D lediglich Gruppen von gleich oder ähnlich wirkenden Körpern darstellen. Immerhin lassen aber die bisherigen Erfahrungen erkennen, daß die Vitamine gegen die in den Lebensmitteln vorkommenden organischen Säuren nicht empfindlich sind, daß diese Säuren sogar zum Teil die Wirkung der Vitamine zu erhalten vermögen, daß jedoch andererseits namentlich die Vitamine A und C gegen Oxydationsmittel (Luftsauerstoff, insbesondere beim Erhitzen) sehr empfindlich sind, und daß vor allem alkalische Reaktion die Vitamine beim Erhitzen zerstören kann. Denn wird z. B. ein Hund lediglich mit solchem Fleisch ernährt, das zuvor unter Zusatz von Soda gekocht worden war, so erkrankt das Tier nach einiger Zeit sehr schwer; es wird so schwach, daß es nicht mehr fähig ist, sich zu erheben. Wird es jedoch alsdann mit solchem Fleisch gefüttert, das ohne Zusatz von Alkali gekocht wird, so erholt sich das Tier wieder. Weiter ist noch das Verhalten der Vitamine gegen langandauerndes Erhitzen der Nahrung zu beachten, wobei insbesondere das Vitamin C zerstört wird.

Die Folgen der Ernährung mit einer Kost, die unzulängliche Mengen der für den Körper erforderlichen Vitamine enthält, sind aber nicht nur Störungen der bereits erwähnten Art, sondern weiter auch die, daß der durch unzulängliche Ernährung geschwächte Organismus gegen Infektionskrankheiten weit empfindlicher ist als der gesunde. So lassen sich z. B. vielleicht die guten Wirkungen erklären, die häufig mit Lebertran bei tuberkulösen, skrofulösen sowie überhaupt elenden Kindern erzielt worden sind. Andererseits besteht aber für Menschen und Tiere gesundheitlich dann nicht die Gefahr unzulänglicher Ernährung mit ihren angegebenen Folgeerscheinungen, sobald sie sich ihre Nahrung beliebig — ihrem natürlichen Bedürfnis entsprechend — zu beschaffen vermögen. Dies ist aber selbst beim Menschen nicht immer möglich (z. B. dann nicht, wenn er in Anstalten verschiedener Art ernährt wird oder wirtschaftlich große Not leidet).

Im Anschluß an diese allgemeinen Betrachtungen möchte ich versuchen, zu prüfen, welchen Einfluß die Vitaminforschung auf die Beurteilung einer Reihe wichtiger Lebensmittel bereits ausgeübt hat und vermutlich weiter ausüben wird.

Einfluß der Vitaminforschung auf die Beurteilung von Lebensmitteln.

1. Milch, Sahne und Trockenmilch.

Der Vitamingehalt der Kuhmilch hängt außerordentlich stark von der Art der Fütterung der Kühe ab. Auch bei der stillenden Mutter wird der Vitamingehalt ihrer Milch von dem ihrer Nahrung beeinflußt; er kann also durch geeignete Ernährung sehr günstig gestaltet werden. Die Kühe, die Grünfutter erhalten, insbesondere vom Frühjahr bis zum Herbst auf die Weide gehen, erzeugen die vitaminreichste Milch, während die Kuhmilch im Winter bei Stallfütterung unter Umständen arm an Vitaminen ist (z. B. ist im Heu infolge des Trocknungsprozesses — unter dem Einfluß des Luftsauerstoffes beim und nach dem Absterben der Zellen — deren Vitamingehalt sehr stark zurückgegangen). Hiernach läßt sich die früher allgemein vertretene Ansicht nicht mehr aufrecht erhalten, daß für den Säugling die Milch von solchen Kühen am geeignetsten sei, die unter Beachtung der einschlägigen polizeilichen Vorschriften bei Trockenfütterung im Stall gewonnen wird. Die Milch ist bei geeigneter Fütterung reich an allen 3 Gruppen von Vitaminen; ihr Gehalt an Vitamin C soll bei längerem Stehen abnehmen. Es ist daher damit zu rechnen, daß in der Sauermilch der Gehalt an Vitamin C geringer ist, als er ursprünglich in der frischen Milch war; andererseits scheint der Gehalt der aus Vollmilch gewonnenen Sauermilch an den übrigen Vitaminen in der in der Praxis in Betracht kommenden Zeit nicht abzunehmen, so daß die Sauermilch auch vom Standpunkte der Vitaminforschung besondere Beachtung verdient, ganz abgesehen davon, daß vielleicht auch noch durch die Milchsäurebakterien Vitamine gebildet werden. Es ist daher wohl möglich, daß die günstigen Eigenschaften, die Metschnikoff dem Yoghurt, der im wesentlichen eine Sauermilch ist, seinerzeit zugeschrieben hat, jedenfalls zum Teil mit ihrem Vitamingehalt zusammenhängen. Amerikanische Forscher geben an, daß 340 g Muttermilch sowie 450 g Kuhmilch die Mengen Vitamin C enthalten, die ein skorbutkrankes Kind zu seiner Heilung täglich nötig hat, so daß also diese Milchmengen insoweit gleichwertig sind. Da das Vitamin A hauptsächlich im Zusammenhange mit dem Fett in der Milch vorkommt, ist naturgemäß die Sahne, insbesondere die Schlagsahne, außerordentlich vitaminreich. Weiter ergibt sich aber hieraus auch, daß beim Entrahmen der Milch dieser zugleich mit dem Fett entsprechende Mengen eines sehr wichtigen Vitamins entzogen werden, die dem Säugling also nachher fehlen. Die Verfolgung von Milchverfälschungen auf Grund chemischer Feststellungen der Nahrungsmittel-Untersuchungsanstalten hat bekanntlich nicht etwa lediglich den Zweck, finanzielle Schädigungen der Käufer zu verhüten, sondern sie geschieht, was gelegentlich vollständig verkannt wird, vornehmlich deswegen, damit eine mangelhafte Ernährung und zwar hauptsächlich derjenigen Menschen, die ausschließlich auf Milch angewiesen sind, also der Säuglinge, vermieden wird. Die Milchkontrolle mit Hilfe des Nahrungsmittelchemikers gewinnt mithin im Rahmen der Vitaminforschung noch weiter und zwar erheblich weiter an Bedeutung. Denn berücksichtigt man auch noch, daß unter Umständen — bei Stallfütterung — die Milch schon ohnehin arm an Vitaminen ist, so kann das Entrahmen und der Verkauf von mehr oder weniger entrahmter Milch als vollwertige Kuhmilch (Vollmilch) nach verschiedenen Richtungen, insbesondere bei Säuglingsernährung, gesundheitlich ernste Folgen haben. Ebenso ernst können die Folgen des Verfälschens der Milch durch Streckung mit Kunstmilch verschiedener Art (siehe diese) sein. Vermischen von Kuhmilch mit sogenannter Emulsionsmilch ist bereits sehr häufig festgestellt worden, auch sind derartige Gemische schon ausdrücklich als

Milch für Säuglinge vertrieben worden. Vor Gericht wurde sogar versucht, derartige Gemische als der Kuhmilch durchaus gleichwertig hinzustellen. Mithin ist auf Grund des gegenwärtigen Standes der Ernährungswissenschaft den Milchfälschungen eine erhöhte Beachtung zu schenken, die übrigens schon in den neuesten Maßnahmen des Preußischen Ministeriums für Volkswohlfahrt zum Ausdruck kommt. Bekannt ist bereits die gute Wirkung, die man vielfach beim Säugling erzielt, wenn man ihm schon einige (etwa 6) Monate nach der Geburt fein zerkleinerten Spinat verabreicht. Es ist wohl möglich, daß es demnächst gelingt, den Vitamingehalt der Stallmilch durch geeignete Zusätze von Bestandteilen vitaminreicher Nahrungsmittel erheblich und zwar ausreichend zu erhöhen, eine Frage, die schon deswegen zu prüfen sein dürfte, weil die Kuhmilch vor dem Genuß abgekocht wird, unter Umständen aber zuvor schon in der Meierei mehr oder weniger lange und verschieden hoch erhitzt worden war, um sie für den Verkehr länger haltbar zu machen. Mehr als unbedingt nötig sollte Milch auch vom chemischen Standpunkte nicht erhitzt werden. Ob es im Sinne von v. Behring gelingen wird, rohe Kuhmilch ohne Erhitzen und zwar durch Zusatz eines für den Säugling gesundheitsunschädlichen Frischerhaltungsmittels von bedenklichen Kleinlebewesen zu befreien, um sie mit ihrem vollen Gehalt an Enzymen, Schutzstoffen und Vitaminen dem Säugling zugänglich machen zu können, liegt nicht außerhalb des Bereichs des Möglichen; gegen die Verwendung des bisher in Betracht gekommenen Konservierungsmittels (Formaldehyd 1 : 25 000) bestehen aber schon im Hinblick darauf ernste Bedenken, daß der Säugling bei seiner Ernährung ausschließlich auf Milch angewiesen ist, während im übrigen der Mensch nur neben der allgemeinen Kost mehr oder weniger große Milchmengen zu genießen pflegt.

Da das Vitamin C gegen starkes sowie längeres Erhitzen besonders empfindlich ist, und gerade in neuerer Zeit Trockenmilch auch zur Ernährung von Säuglingen empfohlen worden ist, wird man auch die Verfahren zur Herstellung von Milchpulver (Trockenmilch) im Auge zu behalten haben.

Beim Eintrocknen der Milch auf heißen Walzen nach dem Verfahren von Hatmaker soll allerdings der Vitamingehalt nicht oder nicht wesentlich sinken, da hierbei nur eine kurze

Erhitzung stattfindet. Trifft dies zu, so ist auch wohl anzunehmen, daß die nach dem Krauseschen Verfahren bei erheblich geringerer Temperatur getrocknete Milch ebenfalls nahezu ihren vollen Vitamingehalt aufweist, sofern das Pulver nicht lange Zeit gelagert hat. Gegen langes Lagern dürfte es hingegen schon infolge seiner großen Oberfläche (voluminösen Beschaffenheit) wegen des Einflusses des Luftsauerstoffes empfindlich sein. Beim langsamen Trocknen der Milch, das früher üblich war, werden die Vitamine B und C bis auf Spuren zerstört. Schon Pasteurisieren soll diese Vitamine stark beeinträchtigen; es sollte daher wiederholtes Pasteurisieren unbedingt vermieden werden. Durch schnelles Aufkochen wird anscheinend der Vitamingehalt der Milch nicht wesentlich beeinflußt.

Gelegentlich wird, namentlich in den Sommermonaten, im Handel der Milch Soda (kohlensaures Natrium) oder doppeltkohlensaures Natrium (sogenanntes Natron) zugesetzt, um sie angeblich zu konservieren, tatsächlich aber deswegen, um die Milchsäure, die von Milchsäurebakterien gebildet wird, mehr oder weniger zu neutralisieren (abzustumpfen) und auf diese Weise die Gerinnung der Milch zu verzögern, also die Milch dem Verbraucher länger frisch erscheinen zu lassen, als sie tatsächlich ist. Sobald bei dieser Art der Milchverfälschung von den genannten Stoffen zu viel zugesetzt wird, treten beim Kochen nicht nur sinnlich wahrnehmbare Veränderungen der Milch ein (bräunliche Verfärbung durch Karamelisierung von Milchzucker, unangenehmer Geschmack durch Eiweißzersetzung), sondern infolge der alkalischen Reaktion werden außerdem die Vitamine bei der Kochtemperatur zerstört. Auch durch die lange und insbesondere wiederholte Erhitzung der Milch nach dem Soxhletschen Verfahren werden die Vitamine B und C vernichtet, was bei Säuglingen schwere Ernährungsstörungen und damit Barlowsche Krankheit bzw. Kinderskorbut zur Folge haben kann. Dieser Mangel kann aber angeblich durch Zusatz geeigneter vitaminreicher Frucht- oder anderer Pflanzensäfte behoben werden.

2. Kunstmilch, Kunsttrockenmilch und Kunstsahne.

Infolge der großen Milchknappheit spielt seit mehreren Jahren die Herstellung von sogenannter Emulsionsmilch eine Rolle, die in der Weise gewonnen wird, daß man in Magermilch oder einer entsprechend konzentrierten wässerigen Lösung von Magermilchpulver ungesalzene Butter oder ein anderes Speisefett mit Hilfe besonderer Maschinen fein verteilt (emulgiert). Sofern hierbei einwandfreie Magermilch in flüssiger oder trockener Form sowie frische gute Butter verarbeitet wird, ist die Emulsionsmilch geeignet, frische Milch weitgehend als Nahrungsmittel zu ersetzen, obwohl sie grundsätzlich von der Ernährung der Säuglinge ausgeschlossen werden sollte. Sofern aber anstelle von Butter Kokosfett, Schweinefett oder gewisse pflanzliche Öle Verwendung finden sollten, ist zu beachten, daß diese Fette entweder nahezu vitaminfrei oder sehr arm an Vitaminen sind, worauf ich bei der Besprechung der Fette näher eingehen werde. Ebenso wie Kunstmilch wird auch Kunsttrockenmilch, Kunstschlagsahne und Kunstkaffeesahne unter Verwendung verschiedener Fette hergestellt. Anfangs war man geneigt, die physiologische Bedeutung derartiger Erzeugnisse vornehmlich nach ihrem Gehalt an solchen Nährstoffen zu beurteilen, die bei ihrem Abbau im Körper diesem Wärme (Kalorien) zuzuführen vermögen. Vom Standpunkte der Vitaminforschung sind aber hier bei der Beurteilung dieselben Erwägungen anzustellen, wie bei Milch, Trockenmilch, Schlagsahne und Kaffeesahne.

3. Eier.

Neben der Milch sind die Eier der Vögel bekanntlich ein kalorisch sehr wertvolles Nahrungsmittel. Sie sind reich an Vitamin A, was insbesondere mit ihrem biologischen Zweck zusammenhängt. In meinen schon erwähnten Arbeiten über die Zusammensetzung des Hühnereies und über den Nachweis sowie die quantitative Bestimmung von Eigelb in Eiernudeln und anderen eigelbhaltigen Lebensmitteln (Gebäcken, Eierkognak usw.) habe ich schon vor mehr als 20 Jahren auf die große Bedeutung der in den Eiern enthaltenen verschiedenen Nährstoffe, insbesondere der organischen Phosphorsäureverbindungen, namentlich im Hinblick darauf hingewiesen, daß das Ei alle Stoffe enthält, die zur Bildung eines selbständigen tierischen Körpers (des Kükens) erforderlich sind. Die Eier spielen also physiologisch eine ähnliche Rolle wie die Milch. Das Vitamin A dürfte in Verbindung mit dem Fett (Eigelb enthält etwa 32% Fett, Trockeneigelb annähernd die doppelte Menge) und Lezithin (im Eigelb etwa 9,5%) vorliegen. Hier, ebenso wie bei der Milch, ist der Gehalt an Vitaminen von der Art der Fütterung abhängig; mit der Fütterung soll übrigens auch der Phosphatidgehalt zusammenhängen. Es ist auffallend, daß in den Kreisen der Verbraucher seit jeher behauptet wird, diejenigen Eier seien die wertvollsten, die dann gewonnen werden, wenn die Hühner Gelegenheit haben, sich im Freien Futter zu suchen. Das Huhn braucht bekanntlich erhebliche Mengen Grünfutter. Ich hatte schon einleitend darauf hingewiesen, daß z. B. auch junge Gänse ohne Grünfutter (namentlich ohne zerkleinerte Brennesseln) nicht aufzuziehen sind. Durch die Grünfütterung wird zugleich in dem Eidotter der Gehalt an natürlichem gelben Farbstoff (Lutein) erhöht. Infolgedessen steht der Vitamingehalt der Eier im Einklange mit ihrem Gehalt an gelbem Farbstoff. Weiter hatte ich schon erwähnt, daß auch bei der Butter (dem Milchfett) der Vitamingehalt im Verhältnis zum Gehalt an natürlichem Farbstoff steht. Ich werde hierauf bei der Butter und dem Rinderfett nochmals kurz zurückkommen. Auffallend ist ferner, was wir ebenfalls noch erörtern werden, daß auch in anderen Lebensmitteln, in denen gelber Farbstoff vorkommt, beträchtliche Vitaminmengen zu beobachten sind. Außer an Vitamin A ist das Eigelb reich an Vitamin B. Ob im Ei auch das Vitamin C in wesentlichen Mengen vorkommt, ist nach der Literatur noch strittig. Da in den Eiern der Vögel die Vitamine vornehmlich in den Dottern sein werden (denn das Eiklar ist im wesentlichen eine etwa 13%ige wässerige Eiweißlösung), dürfte das Weichkochen der Eier, wobei das Eigelb noch flüssig bleibt, auf den Vitamingehalt nicht nachteilig einwirken. Alle bei der menschlichen Ernährung eine Rolle spielenden Vogeleier sind im wesentlichen gleich zu beurteilen. Bei der Herstellung von Trockenei (Eipulver) dürfte bei den in der Praxis in Betracht kommenden Verfahren der Vitamingehalt nicht wesentlich leiden.

4. Butter, Butterschmalz und Butteröl.

Aus den unter „Milch" gemachten Ausführungen geht bereits hervor, daß die Butter insbesondere reich an Vitamin A ist und zwar namentlich dann, wenn es sich um Weidebutter handelt. Daneben kommen auch geringe Mengen der anderen Vitamine vor, da bekanntlich in der Butter neben dem Milchfett auch noch andere Bestandteile der Milch enthalten sind. Denn Butter ist chemisch eine erstarrte Emulsion aus Milchfett und Milch. Je höher der Gehalt der Butter an natürlichem Farbstoff ist, um so größer ist ihr Vitamingehalt. Bekanntlich ist, sofern nicht künstliche Färbung vorliegt, am farbstoffreichsten die Weidebutter. Mithin wird man demnächst die künstliche Färbung der Butter nicht mehr ohne besondere Kennzeichnung dulden dürfen; es wird nicht ausreichen, zu verlangen, daß lediglich die als Grasbutter bezeichnete Butter nicht künstlich gefärbt sein darf, vielmehr wird man darauf dringen müssen, daß alle künstlich gefärbte Butter als solche gekennzeichnet wird. Denn wir haben gesehen, daß unter Umständen der Vitamingehalt der Butter von großer Bedeutung sein kann, z. B. dann, wenn die stillende Mutter zu dem Zweck Butter zu sich nehmen muß, um mit Rücksicht auf den Gesundheitszustand des Säuglings den Vitamingehalt ihrer Milch zu erhöhen. Weiter spielt Butter bei der Ernährung von Kranken und zwar sowohl von Stoffwechselkranken, als auch z. B. von Tuberkulösen eine nicht zu unterschätzende Rolle. Der gesunde frei lebende Mensch, der sich nicht einseitig ernährt, braucht sich allerdings über den Vitamingehalt der Butter den Kopf nicht zu zerbrechen; denn dadurch, daß er im allgemeinen je nach seinem Bedürfnis von gemischter Kost lebt, und daß diese jedenfalls in der Regel einem gewissen Wechsel — je nach der Jahreszeit usw. — unterliegt, hat er im allgemeinen die Gelegenheit, die für ihn erforderlichen Vitaminmengen in seiner Nahrung zu sich zu nehmen. Erwähnt sei auch hier nochmals, daß beim Ranzigwerden der Butter deren Vitamingehalt infolge von Oxydation durch Luftsauerstoff allmählich zerstört wird.

Das Butterschmalz (die Schmelzbutter) wird bekanntlich durch Ausschmelzen der Butter und Absonderung des hierbei ausgeschiedenen reinen Milchfettes gewonnen. Da namentlich das Vitamin A beim Erhitzen dann empfindlich ist, wenn das Fett durch Umrühren viel mit Luft in Berührung kommt, kann es bei der Herstellung der Schmelzbutter geschädigt werden. Es ist demnach nicht ausgeschlossen, daß das Butterschmalz geringere Vitaminmengen enthält als die Butter, aus der es gewonnen ist. Die Frage bedarf aber noch der Klärung. Andererseits ist wohl anzunehmen, daß in der Küche beim Braten in

Butterfett (z. B. bei der Herstellung von Pommes frites) infolge der hierbei stattfindenden starken Erhitzung unter dem Einfluß des Luftsauerstoffs beim Umrühren der Vitamingehalt erheblich sinkt. Bemerkenswert ist schließlich noch, daß im sogenannten Butteröl, dem öligen Teil, der sich häufig aus vorsichtig abgeschmolzenem Butterfett beim langsamen Erkalten abscheidet, der Vitamingehalt weit höher ist als im übrigen Butterfett.

5. Rinderfett, Oleomargarin, Hammelfett und Pferdefett.

Das Depotfett (im Fettgewebe abgelagerte Reservefett) der Tiere ist im allgemeinen nicht reich an Vitamin A. Eine Ausnahme hiervon bildet jedoch das Nierenfett, was immerhin beachtenswert erscheint. Übrigens ist sorgfältig ausgelassenes Rinderfett je nach der Art der Fütterung der Tiere verschiedenfarbig. Von Weidekühen wird im allgemeinen ein schönes gelbes Fett erhalten, dessen Vitamingehalt aus den bereits vorher mitgeteilten Gründen vermutlich wesentlich höher ist als der des Fettes von Stallkühen. Wird das zerkleinerte Fettgewebe des Rindes im Großbetriebe sorgfältig ausgeschmolzen, und läßt man das so gewonnene Fett in besonderen Räumen bei etwa 25° C in Satten abkühlen, so bekommt man einen bei dieser Temperatur noch flüssigen sowie daneben einen kristallinischen festen Teil, der sich durch Abpressen (als Preßtalg) von dem flüssigen Teil trennen läßt. Der bei niedrigerer Temperatur demnächst erstarrte flüssige Teil ist das sogenannte Oleomargarin, das früher auch als doppelt raffiniertes Rinderfett und zwar als Ersatz für Butterschmalz namentlich in Süddeutschland in den Verkehr gelangte. Dieses Oleomargarin ist erheblich vitaminreicher als das ursprüngliche Rinderfett, aus dem es gewonnen wurde. Diese Beobachtung steht mit dem Vitamingehalt des Butteröles im Einklange. Hiernach scheint also das Vitamin A vorwiegend mit den niedrig schmelzenden Teilen der Fette zusammenzuhängen (die Fette und Öle sind nicht einheitliche chemische Körper, sondern Verbindungen verschiedener Fettsäuren mit Glyzerin; in den flüssigen Fetten kommt namentlich die Ölsäure vor). Das harte Schaffett, der Hammeltalg, enthält wesentlich weniger Vitamin A als Rinderfett und Pferdefett. In den beiden letztgenannten Fetten ist der Vitamingehalt etwa gleich groß. Die Vitamine B und C kommen in allen genannten Fetten nicht vor.

6. Margarine.

Als Mège-Mouriés im Jahre 1869 auf Anregung Napoleons III. zuerst die Kunstbutter herstellte, emulgierte er noch ausschließlich ein aus frischem Rindertalg gewonnenes Oleomargarin (siehe Nr. 5) mit Milch. Demnächst haben bei der Fabrikation der Margarine aus verschiedenen Gründen auch andere Speisefette Verwendung gefunden. Diese sind zum Teil sehr arm an Vitaminen, zum Teil sogar vitaminfrei (wie z. B. das Kokosnußfett [Palmin], worauf ich noch eingehen werde, und die gehärteten Öle). Selbst das Schweineschmalz ist, wie wir sehen werden, sehr arm an Vitaminen. Auf den Vitamingehalt der übrigen tierischen Körperfette habe ich schon hingewiesen. Mithin ist Margarine hinsichtlich ihres Vitamingehaltes normaler Butter, insbesondere der Weidebutter, bei weitem nicht gleichwertig; sie kann demnach in gewissen Fällen, z. B. dann, wenn die Mutter den Vitamingehalt ihrer Milch durch Aufnahme von Butter erhöhen möchte, als Ersatz für Butter nicht Verwendung finden, trotzdem ihr übriger Nährstoffgehalt etwa dem von Butter mit gleichem Fettgehalt entspricht. Auch bei der Behandlung gewisser Insuffizienzkrankheiten muß sie aus den angegebenen Gründen ausscheiden. Aufgabe der Industrie und der Wissenschaft wird es sein, zu prüfen, ob es möglich sein wird, den Vitamingehalt der Margarine durch zweckmäßige Auswahl und Zusammenstellung der Rohstoffe sowie durch Zusatz geeigneter Stoffe oder Zubereitungen (es kommen nach dieser Richtung verschiedene in Frage) erheblich zu erhöhen und so zu gestalten, daß die Margarine noch weitergehend als bisher die Butter zu ersetzen vermag. Immerhin ist nicht zu verkennen, daß zur Zeit u. a. schon durch die Verarbeitung von Magermilch und etwas Eigelb (durch letzteres wird das Bräunen beim Braten erreicht) gewisse Vitaminmengen in die Margarine gelangen.

7. Schweinefett.

Das ausgeschmolzene Fett des Schweines, insbesondere auch des Specks, ist sehr arm an Vitamin A, praktisch in der Regel sogar vitaminfrei. Es hängt dies einerseits damit zusammen, daß, worauf schon hingewiesen wurde, die tierischen Depotfette im allgemeinen arm an Vitaminen sind, weiter aber auch damit, daß beim Ausschmelzen des Fettgewebes Temperaturen von weit mehr als 100° in Betracht kommen, und daß das Ausschmelzen im allgemeinen unter Umrühren und damit unter dem Einfluß von Luftsauerstoff geschieht. Das Depotfett des Schweines ist weiter auch deswegen weniger reich an Vitamin A als z. B. das Rinderfett, weil das Schwein — im Gegensatz zum Rind — im allgemeinen und zwar namentlich während der Mästung wenig Grünfutter erhält, und selbst dann, wenn ihm Milch verabreicht wird, nur Magermilch bekommt, der bei der Entrahmung das Vitamin A entzogen worden ist.

8. Käse.

Neben dem Futter, das die Kühe erhalten haben, deren Milch auf Käse verarbeitet wurde, spielt — ebenso wie bei der Sahne — hinsichtlich des Vitamingehaltes der Fettgehalt des Käses eine große Rolle. Es ist wohl allgemein bekannt, daß der Fettgehalt des Käses auch seinen kalorischen Nährwert sowie auch seine sonstigen Eigenschaften, besonders seinen Geschmack, außerordentlich günstig beeinflußt. Mit dem Fettgehalt steht also in der Regel der Vitamingehalt im Einklang, ein weiterer Beweis dafür, daß es berechtigt und notwendig ist, wenn die Nahrungsmittelkontrolle verlangt, es solle beim Feilhalten und Verkaufen der Käse über deren Fettgehalt Aufschluß gegeben werden, soweit nicht etwa nach der ganzen Sachlage aus Gründen, auf die näher einzugehen zu weit führen würde, auf eine derartige Kennzeichnung verzichtet werden kann (z. B. bei solchen Käsesorten, von denen allgemein bekannt ist, daß sie aus Magermilch hergestellt werden). Erwähnenswert ist noch, daß z. B. der Italiener zu seiner Polenta Käse ißt; da die Polenta sehr arm an Vitaminen ist, dient hier der Käse nicht lediglich als geschmacksverbesserndes und sekretionsförderndes, sondern zugleich auch als vitaminspendendes Mittel. Ähnliche Wirkungen dürfte die Sojasoße in Japan bei der Zubereitung von Reis haben, zumal der Japaner bekanntlich weder Milch noch Käse genießt (auf den Vitamingehalt der Sojabohne werde ich bei der Besprechung der Hülsenfrüchte noch eingehen). Da die Käsesorten, abgesehen vom Quarg und Zigerkäse (siehe Nr. 10), einer mehr oder weniger starken, zum Teil sogar sehr starken Fermentation unterworfen werden, ist auch damit zu rechnen, daß infolge der Entwicklung der in Betracht kommenden Kleinlebewesen (auch bei der Herstellung der Sojasoße) erhebliche Vitaminmengen gebildet werden.

9. Margarinekäse.

Da sich der Margarinekäse von dem normalen Käse lediglich dadurch unterscheidet, daß er — wie die Margarine — an Stelle von Milchfett Speisefett anderer Art enthält, so trifft hinsichtlich des Margarinekäses im wesentlichen dasselbe zu, was bereits unter Margarine ausgeführt wurde.

10. Molkenkäse (Ziger).

Im Hinblick auf die Herstellung dieser Zubereitung, die kein Käse im eigentlichen Sinne des Wortes ist, sondern im wesentlichen aus Milchalbumin (statt aus Kasein usw.) besteht, ist zu vermuten, daß ihr Vitamingehalt belanglos ist.

11. Fleisch, Fleischkonserven und Fleischextrakt.

Das Muskelfleisch unserer Säugetiere, soweit es als Nahrungsmittel in Frage kommt, enthält nur geringe Mengen Vitamin A; es ist auch verhältnismäßig arm an Vitamin B; spärlich ist weiter sein Gehalt an Vitamin C. Letzteres trifft auch hinsichtlich der tierischen Organe zu, die als Lebensmittel dienen. Allerdings reicht der gesamte Vitamingehalt des Fleisches aus, um Insuffizienzkrankheiten zu verhüten; zum Teil können diese sogar durch den Genuß von rohem Fleisch günstig beeinflußt werden. Der Gehalt der Leber, des Hirns, der Nieren und des Herzens an den Vitaminen A und B ist weit höher als der der Skelettmuskulatur; besonders reich ist die Leber und namentlich das Leberfett (vgl. hierzu den Lebertran) an Vitamin A. Im Hirn befinden sich die meisten Vitamine in der grauen Rinde des Kleingehirns. Daß die Vitamine beim Kochen des Fleisches in sodahaltigem Wasser vollständig zerstört werden, hatte ich schon ausgeführt. Nebenbei bemerkt sei, daß die Stierhoden und demnach auch wohl die Hoden der übrigen Säugetiere sowie die Bauchspeicheldrüse (erstere aus Gründen, die schon angegeben wurden) im Gegensatz zum Fleisch auffallend vitaminreich sind. Bei der Herstellung von Fleischkonserven werden infolge der für die vollständige Sterilisation erforderlichen Erhitzung die Vitamine stark angegriffen, vielfach vollständig zerstört. Die Folgen hiervon machen sich besonders dann bemerkbar, wenn Menschen hinsichtlich ihrer Fleischversorgung längere Zeit hindurch ausschließlich auf den Genuß von Fleischkonserven angewiesen sind und auch im übrigen vitaminfreie oder -arme Kost erhalten. Als z. B. englische Truppen im letzten Kriege 145 Tage lang in Kut el Amara eingeschlossen waren, und ihnen in dieser Zeit nur Fleischkonserven und Brot aus feinem Weizenmehl zur Verfügung stand, nahm die Beriberikrankheit im englischen Lager überhand. Etwa 15% der Mannschaft starben, und etwa 30% zogen sich Muskelschwund, Bewegungs- und Gesichtsstörungen zu. Beriberi und Skorbut wüteten, bis wieder frische Gemüse zur Verfügung standen. Weiter mußte während des Krieges ein deutscher Hilfskreuzer, der monatelang englische Schiffe zerstört und sich hierbei eine Zeitlang gut verproviantiert hatte, schließlich doch infolge des Überhandnehmens von Erkrankungen seiner Besatzung an Skorbut einen neutralen Hafen anlaufen. Nach entsprechender Änderung der Kost wurde dann die Besatzung bald wieder gesund. In älterem Pökelfleisch sind ebenfalls die Vitamine bis auf Spuren zugrunde gegangen. Dasselbe dürfte auch für Fleischmehl zutreffen, das gelegentlich auf Fleischzwieback verarbeitet worden ist. Über den Vitamingehalt der Dauerwürste liegen m. W. bisher noch keine Erfahrungen vor. Fleischextrakt enthält zwar etwas Vitamin B, aber nur Spuren von den Vitaminen A und C.

12. Fische.

Bei den Fischen ist zu beachten, daß diese im allgemeinen (z. B. der Hecht, Barsch, Kabeljau, Schellfisch, die Plötze und die Schollen) nur ganz geringfügige Fettmengen (etwa 0,2 bis 1%) enthalten. So erklärt es sich wohl, daß im Fleisch der Fische im allgemeinen das Vitamin A keine nennenswerte Rolle spielt. Hinsichtlich des Fettgehaltes — sowie bekanntlich auch nach anderer Richtung — nimmt unter den Fischen der Flußaal eine Ausnahmestellung ein, da er im Durchschnitt etwa 26%, also fast ebensoviel Fett wie sehr fettes Ochsenfleisch aufweist. Auch der Lachs ist ungewöhnlich fettreich (15—20%); weiter werden noch wesentliche Fettmengen (etwa zwischen $6^1/_2$ und 9% Fett) angetroffen im Hering, Meeraal, im gut gefütterten Karpfen und in der Makrele. So erklärt es sich, daß im allgemeinen beim Genuß der zuerst genannten sehr fettarmen Fische ein Zusatz von Fett in Form von Butter oder Margarine erwünscht ist. Es ist zu vermuten, daß die Fischarten, deren Fleisch erhebliche Fettmengen aufweist, wesentlich mehr Vitamin A enthalten als der Kabeljau, Hecht usw.; interessant dürfte es sein, nach dieser Richtung den Flußaal zu studieren, zumal es sich bei ihm ausschließlich um weibliche Fische handelt, die bei uns überhaupt nicht laichen, sich in unseren Flüssen nur eine gewisse Zeit aufhalten und dann wieder dem Meere zustreben, wo sie demnächst in der Tiefe eine eigenartige Veränderung erfahren. Im übrigen ist das Fischfleisch auch arm an den Vitaminen B und C, sogar praktisch fast frei davon. Erwähnt hatte ich schon, daß die Kabeljauhoden und damit wohl schlechthin die Fischhoden — ebenso wie die Stierhoden — reich an Vitamin A sind. Die getrockneten, teils ungesalzenen, teils stark gesalzenen Fische (Stockfisch und Klippfisch) dürften frei von Vitaminen sein, weiter auch die Ölsardinen, da sie in dem Öl auf 160—170° erhitzt werden, bevor sie in die Büchsen gelangen. Hingegen könnten die marinierten Fische noch Vitamine enthalten; der gewöhnliche Salzhering ist vermutlich nahezu vitaminfrei.

13. Lebertran.

Der Lebertran weist den höchsten bisher bekannten Gehalt an Vitamin A auf. Da das Vitamin B fast in allen tierischen Geweben vorkommt, dürfte es auch im Lebertran enthalten sein, jedoch scheint es hier praktisch nicht von Bedeutung zu sein, Ob der Lebertran auch das Vitamin C enthält, ist bisher anscheinend noch zweifelhaft. Im Hinblick auf den ungewöhnlich hohen Gehalt des Lebertrans an Vitamin A ist bereits versucht worden, in Lebertranemulsionen durch Verarbeitung von Auszügen aus Reiskleie usw. den Gehalt an den übrigen Vitaminen zu erhöhen, um so den Lebertran noch wirksamer, als er bereits ist, zu gestalten. Ein Bedürfnis dürfte hierfür jedoch nicht vorliegen, zumal Lebertran leicht im Zusammenhange mit anderen Lebensmitteln und insbesondere mit solchen, die reich an den Vitaminen B und C sind, gegeben werden kann. Früher kam der Lebertran hauptsächlich als Heilmittel in Betracht, da man seinem geringen Jodgehalt eine wesentliche Bedeutung zuschrieb. Demnächst ließ man ihn auch insbesondere wegen seiner leichten Verdaulichkeit als reiche Fettquelle an Kinder verabfolgen. Im Rahmen der Vitaminforschung wird man den Lebertran nicht mehr als Heilmittel, sondern als ein sehr wichtiges Nahrungsmittel ansehen müssen, dem, worauf schon hingewiesen wurde, bei verschiedenen Erkrankungen, insbesondere auch bei der Rachitis, im Zusammenhange mit der Verwertung des Kalkes der Nahrung eine hohe Bedeutung zukommt. Unmittelbar nach Kriegsschluß sind seitens des Reiches erhebliche Mengen Lebertran zur Verbesserung der Nahrung des ausgehungerten Volkes eingeführt worden. Interessant ist, daß man schon lange Zeit, bevor man die Bedeutung des Vitamingehaltes des Lebertrans auch nur ahnte, lediglich auf Grund umfangreicher Beobachtungen den großen Wert des Lebertrans für die Volksgesundheit und namentlich für das wachsende Kind erkannt hat, und daher in großem Umfange Lebertran längere Zeit hindurch an Kinder verabreichen ließ. Als vor wenigen Jahrzehnten der unter der Einwirkung von Dampf gewonnene klare und weit farblosere Lebertran in den Verkehr gelangte, tauchte bald die Ansicht auf, daß dieser nicht so wirksam wie der gewöhnliche Lebertran sei. Ob etwa bei der Behandlung des besonders schön aussehenden Dampflebertrans der Vitamingehalt nachteilig beeinflußt wird, dürfte noch zu prüfen sein. Jedenfalls wird sich künftig auch der Nahrungsmittelchemiker mit dem Lebertran zu befassen haben, der bisher vornehmlich den Apotheker und Drogisten interessierte.

14. Kaviar und andere Fischrogen.

Da, worauf einleitend schon hingewiesen worden ist, die Eier der Vögel nicht nur reich an Phosphatiden und Cholesterin, sondern auch reich an Vitamin A sind, ist anzunehmen, daß auch im Kaviar und den übrigen Fischrogen (Heringsrogen, Lachsrogen usw.) neben den Phosphatiden und Cholesterin insbesondere das Vitamin A eine beachtenswerte Rolle spielt. Daneben kommen anscheinend die Vitamine B und C vor. Fischrogen sind zweifellos physiologisch sehr wertvolle Lebensmittel. Ihre Zusammensetzung erklärt ihre bekannte Wirkung auf das Nervensystem.

15. Gemüse und Gemüsekonserven.

Im Rahmen der Vitaminforschung haben die Gemüse eine hervorragende Bedeutung erlangt, eine Bedeutung, die ihnen früher wegen ihres geringen Gehaltes an kalorischen Nährstoffen nicht beigelegt wurde. Z. B. sind die grünen Gemüse, vor allem der Spinat und Grünkohl, reich an den Vitaminen A und B; sie enthalten aber auch viel Vitamin C. Die Kohlarten enthalten ebenfalls alle 3 Vitamine in reichlichen Mengen. In den Rüben verschiedener Art, selbst in den Kohlrüben und Steckrüben, werden ansehnliche Mengen von Vitamin A sowie erhebliche Mengen der übrigen Vitamine angetroffen. Daher kommen insbesondere junge frische gelbe Rüben und Karotten als Vitaminspender in Betracht. Es ist auffallend, daß die Kinder, die auf Wachstumsstoffe angewiesen sind, mit Vorliebe rohe Möhren und zwar möglichst frisch, wie man sie beim Herausziehen aus der Erde erhält, also in einem Zustande, in dem sie am vitaminreichsten sind, ohne weiteres verzehren, trotzdem sie häufig Karotten gekocht nicht mögen. Verhältnismäßig arm an Vitamin ist hingegen die rote Rübe. Beachtenswert ist auch der Vitamingehalt der rohen Zwiebeln. Weiter enthalten vermutlich Spargel und Hopfensprossen beachtenswerte Vitaminmengen. Die verschiedenen Salate sollten insbesondere im Hinblick auf ihren Gehalt an den Vitaminen B und C bei der Ernährung besondere Beachtung finden. Bei der Zubereitung der grünen Gemüse ist im Schrifttum besonders hervorgehoben worden, daß sie nur gedämpft, aber nicht abgebrüht oder gar ausgekocht werden möchten; jedenfalls soll keine Flüssigkeit abgegossen werden. Hinsichtlich der Trockengemüse ist zu beachten, daß beim Trocknen unter Umständen die Vitamine zerstört werden, worauf bereits hingewiesen wurde. Infolgedessen verdienen nur sorgfältig bei niedriger Temperatur getrocknete Gemüse für die Ernährung Beachtung. In dem Kohlrüben, die z. B. während des Krieges (im Jahre 1916) in großen Mengen schnell in ungeeigneten Betrieben getrocknet werden mußten, um einen Ersatz für fehlende Kartoffeln zu schaffen, dürften Vitamine nicht mehr enthalten gewesen sein. Vielleicht hat dies mit dazu beigetragen, daß damals infolge der mangelhaften und unzulänglichen Ernährung die Stoffwechselkrankheiten (z. B. Ödeme) fortgesetzt zunahmen. Da die Gemüsekonserven (Büchsengemüse) ähnlich so wie das Büchsenfleisch hergestellt werden, bedarf die Frage noch einer sorgfältigen Klärung, wie die Gemüsekonserven hinsichtlich ihres Vitamingehaltes zu beurteilen sind, zumal das Büchsengemüse in den Wintermonaten für den Haushalt eine große Bedeutung hat. Über das Verhalten der Vitamine beim Einmachen (Einsäuern) von Gemüsen (vgl. auch den Abschnitt Hülsenfrüchte) liegen bisher Erfahrungen nicht vor. Es ist aber zu vermuten, daß bei dem herkömmlichen Einsäuern (dem Einmachen von geschnitzeltem Weißkohl zwecks Gewinnung von Sauerkraut und dem ähnlichen Einmachen von anderem Gemüse), bei dem nur wenige Prozente Kochsalz Verwendung finden, da die Konservierung auf der fermentativ gebildeten Milchsäure beruht, eine wesentliche Zerstörung von Vitaminen nicht stattfindet. Anders liegen die Verhältnisse bei der gewerbsmäßigen Herstellung der seit mehreren Jahren in den Verkehr gelangenden Salzgemüse, bei der die Konservierung auf dem Zusatz großer Kochsalzmengen (etwa 200 g Kochsalz auf 1 kg Gemüse) beruht, und daher eine Milchsäuregärung nicht eintritt. In derartigen Salzgemüsen (z. B. Weißkohl, Rotkohl, Wirsingkohl und Kohlrabi) dürfte ein ähnlicher Rückgang des Gehaltes an Vitaminen stattfinden wie bei der Pökelung des Fleisches. Bekanntlich wird bei der Zubereitung derartiger Salzgemüse zunächst das Salz mit Wasser ausgezogen, wobei zugleich ein weitgehender Verlust an verschiedenen wasserlöslichen Nährstoffen stattfindet, worauf der strohige Geschmack der genußfertig zubereiteten Salzgemüse zurückzuführen ist. In den Kriegsjahren ist auch versucht worden, Gemüse chemisch mit Hilfe von benzoesaurem Natrium zu konservieren, jedoch scheint man hiervon jetzt abgekommen zu sein. Andernfalls müßte auch der Einfluß dieser Konservierungsart auf den Vitamingehalt der Gemüse noch geprüft werden. Hinsichtlich der Gemüsepulver, insbesondere derjenigen, die bei der Ernährung von schon mehrere Monate alten Säuglingen in Frage kommen, gilt dasselbe, was über Trockengemüse ausgeführt wurde.

16. Kartoffeln.

Die große Bedeutung der Kartoffel für die Volksernährung erhellt, abgesehen von ihrem hohen Gehalt an Stärke sowie von ihrem Gehalt an den sehr gut vom Körper verwertbaren Stickstoffverbindungen, aus Folgendem: In der Kartoffel sind die beiden Vitamine B und C in ausreichenden Mengen vorhanden. Bei der im allgemeinen üblichen Zubereitungsart der Kartoffel durch Kochen, insbesondere in der Schale, leidet anscheinend ihr Vitamingehalt nicht wesentlich. Je frischer die Kartoffel ist, um so höher ist ihr Vitamingehalt. Denn beim Lagern nimmt insbesondere der Gehalt an dem recht empfindlichen Vitamin C ab, eine Beobachtung, die allgemein bei Knollen und Wurzeln (Rüben usw.) gemacht wird. Der Gehalt der Kartoffel an Vitamin A ist allerdings recht gering. Es hängt dies wohl damit zusammen, daß die Kartoffel einen nennenswerten natürlichen Fettgehalt nicht aufzuweisen hat. Es gibt aber, wie wir bereits gesehen haben, auch zahlreiche Lebensmittel (z. B. Tomaten, grüne Gemüse, Karotten und andere Rübenarten), in denen zwar der Fettgehalt keine Rolle spielt, trotzdem aber ein recht beträchtlicher Gehalt an Vitamin A vorkommt. Ob die Beobachtung, daß die frische Kartoffel, sobald sie auf dem Markt erscheint, der vorjährigen als Lebensmittel allgemein vorgezogen wird, instinktiv damit zusammenhängt, daß sie nach der angegebenen Richtung wertvoller ist, mag dahingestellt bleiben, jedoch haben wir schon ähnliche Beobachtungen — z. B. bei dem Verhalten der Kinder frischen Karotten gegenüber — gemacht. Ob bei der Herstellung von Trockenkartoffeln nach den verschiedenen bisher in Vorschlag gebrachten Verfahren eine wesentliche Abnahme des Vitamingehaltes stattfindet, ist bisher nicht bekannt geworden. Es ist aber wohl denkbar, daß es nach dieser Richtung einwandfreie Verfahren gibt wie z. B. eines, das darin besteht, die Kartoffeln zunächst zu kochen, alsdann die geschälte Kartoffelmasse zu zerquetschen und bei nur niedriger Temperatur ähnlich so wie Nudeln (in Bandform usw.) zu trocknen. Die getrocknete Masse kann demnächst gemahlen werden und eignet sich im Haushalt für verschiedene Zwecke. Praktisch sind bisher die Trockenkartoffeln bei der menschlichen Ernährung — abgesehen vom Kriegsbrot mit Kartoffelflocken — noch nicht wesentlich in Frage gekommen; bei der Gewinnung von Futtermitteln interessiert aber die Herstellung von Trockenkartoffeln ebenfalls, und es wird daher auch dort zu prüfen sein, ob und inwieweit gegebenenfalls der Vitamingehalt bei den verschiedenen in Betracht kommenden Verfahren leidet.

17. Hülsenfrüchte (Erbsen, Bohnen, Linsen und dgl.).

Der Gehalt der getrockneten Hülsenfrüchte an Vitamin A ist nur gering. Eine Ausnahme bildet nach dieser Richtung die Sojabohne, die sich von den übrigen Bohnen und den Erbsen durch ihren hohen Fettgehalt unterscheidet (etwa 18%). Allerdings weisen auch noch die Lupinen einen verhältnismäßig hohen Fettgehalt auf (etwa 6%), jedoch kommen sie aus Gründen, deren Erörterung hier zu weit führen würde, für die menschliche Ernährung zur Zeit praktisch nicht in Betracht. Als Schaffutter haben sie jedoch namentlich in der Zeit, in der das Lamm gesäugt wird, eine große Bedeutung, auch kommen sie noch anderweitig als Viehfutter in Frage. Sehr reich sind jedoch die Hülsenfrüchte durchweg an Vitamin B und somit auch deswegen als Nahrungsmittel und Futtermittel sehr wichtig. In getrocknetem Zustande ist in ihnen Vitamin C nicht vorhanden; vermutlich wird dies erst bei der Keimung gebildet, was jedoch für die hier in Rede stehende Verwendung der trockenen Hülsenfrüchte unerheblich ist. Im Hinblick auf den hohen Gehalt an Vitamin B sowie auch auf das Vorkommen von Vitamin A in den Hülsenfrüchten ist es wichtig, beim Kochen der Bohnen, Erbsen und Linsen dem Wasser Soda oder doppelkohlensaures Natrium (dieses zerfällt beim Kochen unter Kohlensäureabscheidung in Soda) nicht zuzusetzen, da hierdurch der Vitamingehalt zerstört wird (vgl. die unter Fleisch gemachten einschlägigen Ausführungen). Bekanntlich ist es vielfach üblich, hartem Wasser vor der Verwendung zum Kochen von Hülsenfrüchten Soda oder doppelkohlensaures Natrium hinzuzufügen, statt sich weiches Wasser zu beschaffen. Hinsichtlich der eingesäuerten mit den Hülsen (Schoten) zerschnitzelten Hülsenfrüchte verweise ich auf die im Abschnitt Gemüse gemachten einschlägigen Ausführungen. Bei diesem Gemüse dürfte neben dem Vitamingehalt der Bohnen der der grünen Hülsen eine Rolle spielen, zumal letztere vermutlich reichlich Vitamin A enthalten. Hinzu kommt, daß man diese Bohnen nicht ausreifen läßt, und daß die jungen Hülsenfrüchte vitaminreicher als die reifen sind.

18. Die pflanzlichen Fette.

Von diesen Fetten sind insbesondere die Öle bei der menschlichen Ernährung von Bedeutung. Sie sind verhältnismäßig nicht reich an Vitaminen. Sehr arm daran ist Olivenöl; wesentlich mehr Vitamine enthalten Leinöl, Baumwollsamenöl und Erdnußöl. In dem Kokosfett, wie wir es als menschliches Nahrungsmittel z. B. unter dem Namen Palmin kennen, spielen die Vitamine praktisch überhaupt keine Rolle. Es hängt dies damit zusammen, daß bei der Extraktion des Fettes aus der Kopra (den trockenen zerbrochenen Kokosnüssen) zunächst ein rohes Fett erhalten wird, aus dem die vielen freien Fettsäuren durch Erhitzen mit einer wässerigen Alkalilösung (unter Verseifung) und daran anschließend durch Behandeln mit heißem Wasserdampf beseitigt werden müssen. Bei diesem Verfahren werden die gegen Alkali namentlich in der Hitze empfindlichen Vitamine vernichtet. Seit einer Reihe von Jahren spielen gehärtete Fette namentlich in der Margarineindustrie eine große Rolle, die vorwiegend aus pflanzlichen Ölen durch chemische Anlagerung von Wasserstoff, wobei insbesondere Ölsäure in Stearinsäure übergeführt wird, hergestellt werden. Dem vorher flüssigen Öl gibt man so die Konsistenz von festem Fett (in der Regel etwa von Schweinefett). Nach Literaturangaben sollen bei diesem chemischen Verfahren, also z. B. beim Härten von Erdnußöl und Baumwollsamenöl, die Vitamine zerstört werden; jedenfalls sollen die gehärteten Fette vitaminfrei sein.

19. Getreide und Mehl (Roggen, Weizen, Hafer, Gerste, Reis, Hirse, Mais, Buchweizen u. dgl.).

Vitamin A kommt im Getreide vor allem im Keimling vor, der jedoch beim Mahlen je nach der Getreideart mehr oder weniger entfernt wird. Besonders reich ist das Getreide an Vitamin B, und zwar beobachten wir dieses Vitamin ebenfalls im Keimling, im übrigen aber in dem unmittelbar unter der Fruchthülle (Zelluloseschicht) liegenden Aleuronzellenschicht, also in den Teilen, die hauptsächlich als Kleie beim Mahlen entfernt werden. Je feiner im allgemeinen das Mehl ist, um so ärmer ist es an Vitaminen. Z. B. sind im feinsten Weizenmehl und im geschälten Reis Vitamine überhaupt nicht nachweisbar. Denn das Vitamin C spielt im Getreidekorn keine Rolle; es wird erst beim Auskeimen im Keimling gebildet. Wir hatten bereits bei unseren allgemeinen Betrachtungen gesehen, welchen günstigen Einfluß auf gewisse Erkrankungen unter Umständen Reiskleie und andere Kleie sowie Auszüge hieraus auszuüben vermögen. Eine Ausnahmestellung unter den Getreidearten nimmt jedoch der Roggen ein. Denn in ihm scheint das Vitamin B im ganzen Korn ziemlich gleichmäßig verteilt zu sein. Infolgedessen kann Roggenbrot unbedenklich aus solchem Mehl hergestellt werden, das hochprozentig ausgemahlen, also recht kleiearm ist. Dies ist insbesondere deswegen beachtlich, weil der kalorische Nährwert der Kleie im Verhältnis zu dem des Mehlkörpers infolge der schlechten Ausnutzung der Kleie durch den menschlichen Körper gering ist (vgl. R. O. Neumann: Das Brot, Heft 1 der vom Reichsministerium für Ernährung und Landwirtschaft unter der Sammelbezeichnung „Die Volksernährung" herausgegebenen Schriften). Andererseits erhellt aus dem Vorhergesagten die Bedeutung des Keimmehles für die Volksernährung, zumal wenn man weiter berücksichtigt, daß es sich beim Keimling um ein fettreiches, sehr zartes Gewebe handelt, das von den Verdauungssäften sehr leicht aufgeschlossen wird. Das Fehlen von Vitaminen im feinen Weizenmehl schließt indessen seine Verwendung bei der Zubereitung von Lebensmitteln nicht etwa aus, da bekanntlich der Mensch seine Nahrung aus Verschiedenem zusammensetzt, und z. B. bei der Kuchenbereitung vielfach — je nach den Vermögensverhältnissen des Einzelnen — Milch, Butter, Eier, Sahne usw. Verwendung finden, wodurch dem Kuchen reichlich Vitamine zugeführt werden. Andererseits erinnere ich aber daran, welche Folgen der längere Genuß von Weißbrot und Fleischkonserven im Kriege bei der Einschließung der englischen Armee in Kut el Amara gehabt hat (vgl. meine Ausführungen unter Fleischkonserven), und daß dieselben Folgen der fortgesetzte Genuß von Schiffszwieback und Salzfleisch hat.

Beim Backen des Brotes werden die im Teige enthaltenen Vitamine nicht zerstört, weil in der Brotkrume die Temperatur nicht über 100° C steigt, obwohl der Backofen auf mehr als 200° C erhitzt wird, und weil die Hohlräume (Poren) des Brotteiges nicht mit Luft, sondern mit Kohlensäure angefüllt sind.

20. Malz.

Malz wird bekanntlich in der Weise hergestellt, daß man Gerste bis zu einem gewissen Grade keimen läßt und dann das ausgewachsene Pflänzchen nebst Würzelchen entfernt. Wir hatten schon vorher gesehen, daß ruhende Samen völlig frei von

Vitamin C sind, daß jedoch bei der Keimung dieses Vitamin reichlich gebildet wird, um vermutlich das Wachstum des jungen Pflänzchens zu fördern. Im Abschnitt 19 (Getreide usw.) hatten wir bereits erörtert, daß in Getreide, und zwar sowohl im Keimling als auch in den Kleiezellen, viel Vitamin B vorkommt, das in Wasser löslich ist. So erklärt es sich, daß wäßrige Auszüge aus Malz vor allem reich an den Vitaminen B und C sind und daneben noch Vitamin A enthalten dürften. Werden derartige Auszüge sorgfältig, d. h. so auf Malzextrakt verarbeitet, daß eine weitestgehende Schonung der Vitamine feststeht, so dürfte es gelingen, recht vitaminreiche Malzextrakte herzustellen, die weitgehend (z. B. auch für stillende Mütter) Verwendung finden können. Da Malzextrakt auch im übrigen wertvolle Nährstoffe für den wachsenden und erwachsenen Organismus enthält, dürfte sich die Prüfung der Frage lohnen, wie sich ein besonders hochwertiges Malzextrakt gewinnen läßt.

21. Obst.

Eine Ausnahmestelle unter den saftigen Früchten nehmen die Tomaten ein, die, obwohl in ihnen Fett in nennenswerten Mengen nicht enthalten ist, reich an Vitamin A sowie sehr reich an den beiden Vitaminen B und C sind. Die Tomaten verdienen daher ganz besondere Beachtung, zumal dann, wenn sie roh genossen werden und damit keinerlei Schädigung ihrer Vitamine eintreten kann. Der Genuß der Tomaten sollte mithin insbesondere auch bei Kindern gefördert werden. Auffallend ist weiter, daß auch hier der Vitamingehalt dem Farbstoffgehalt parallel läuft. Von den saftigen Früchten sind außerdem besonders erwähnenswert die Zitronen, Apfelsinen und Weintrauben. Sie enthalten zwar nicht das Vitamin A, sind aber reich an den Vitaminen B und C. Der Saft der Zitronen, Apfelsinen und Weintrauben enthält sogar so viel Vitamin B wie frische Kuhmilch. So erklärt sich ohne weiteres die günstige Wirkung dieses Obstes z. B. bei der Behandlung von Skorbut sowie als Vorbeugungsmittel gegen verschiedene Stoffwechselkrankheiten. Daher müssen die Schiffe auf längerer Fahrt (Segelschiffe) Zitronensaft mitführen. (Dies ist in England schon seit dem Jahre 1796 vorgeschrieben). Auch der Apfel und die Birne enthalten reichlich die Vitamine B und C, jedoch ist ihr Gehalt hieran geringer wie der

der Zitronen, Apfelsinen und Trauben. Vitamin A kommt auch in dem Apfel und der Birne kaum vor; in den Bananen ist Vitamin A ebenfalls nur wenig enthalten. An Vitamin B weisen die Bananen von den hier interessierenden Früchten den geringsten Gehalt auf. Ähnlich den Äpfeln und Birnen verhalten sich die Himbeeren und Erdbeeren, die besonders reich an Vitamin B und C sind. Ich komme auf den Gehalt der saftigen Früchte an Vitaminen bei der Herstellung der Fruchtsirupe noch zurück. Beim Trocknen des Obstes, also bei der Herstellung des Dörrobstes, wird namentlich das Vitamin C leicht mehr oder weniger zerstört. Infolgedessen sollte Dörrobst sehr sorgfältig zubereitet werden. Schließlich sind hier auch noch die Nüsse (Walnüsse, Haselnüsse, Erdnüsse) zu erwähnen, in denen, da es sich um Samen handelt, ebenfalls der Vitamingehalt recht beträchtlich sein dürfte. Denn im allgemeinen sind die Pflanzensamen reich an Vitaminen. Da die Nüsse zudem sehr reich an Fett sind, dürfte in ihnen auch das Vitamin A in wesentlichen Mengen vorkommen (Wal- und Haselnüsse enthalten etwa 60%, Erdnüsse etwa 45% Fett).

22. Fruchtsäfte und Fruchtsirupe.

Der durch Auspressen der saftigen Früchte gewonnene frische Fruchtsaft ist als solcher ohne Konservierung nicht haltbar. Infolgedessen pflegt man ihn mit Zucker zu Fruchtsirup einzukochen. Nach dem Deutschen Arzneibuch werden z. B. die frischen Himbeeren zerdrückt und dann so lange in einem bedeckten Gefäß bei ungefähr 20° C unter wiederholtem Umrühren stehen gelassen, bis 1 Raumteil einer abfiltrierten Probe sich mit $^1/_2$ Raumteil Weingeist ohne Trübung mischen läßt (also bis die Schleimstoffe infolge der alkoholischen Gärung ausgefällt sind). Die demnächst nach dem Abpressen erhaltene Flüssigkeit wird filtriert und im Verhältnis 7 Teile Fruchtsaft und 13 Teile Zucker zu 20 Teilen Himbeersirup gekocht. Ähnlich findet die Herstellung von Kirschsirup (wobei allerdings die Kirschen mit den Kernen zerstoßen werden), von Erdbeersirup und Zitronensirup statt. Wenn man bedenkt, daß der Siedepunkt konzentrierter Zuckerlösungen weit über 100° liegt, und daß das Einkochen der Fruchtsirupe unter Umrühren geschieht, so ist es leicht erklärlich, daß bei der herkömmlichen Zubereitung der Fruchtsirupe deren Vitamingehalt, namentlich der hohe Gehalt der Himbeeren und Erdbeeren an Vitamin C, das gegen Hitze besonders empfindlich ist, weitgehend zerstört wird. Andererseits stellen aber die Fruchtsirupe ein vorzügliches Lebensmittel dar, das nicht nur als Zusatz zu süßen Speisen in Frage kommt, sondern sich auch vorzüglich zur Herstellung ausgezeichneter alkoholfreier Getränke eignet, indem man die Sirupe je nach Bedarf mit Wasser oder kohlensaurem Wasser vermischt. Namentlich für Kinder sind derartige Getränke von Bedeutung; aber auch die Erwachsenen sollten sie mehr als bisher beachten. Es liegt die Frage nahe, ob es möglich ist, Fruchtsirupe so herzustellen, daß ihr Vitamingehalt weitestgehend geschont wird. Tatsächlich kann man Fruchtsirupe lediglich auf kaltem Wege gewinnen. Für die Herstellung großer Mengen auf kaltem Wege gibt es sogar besondere Apparate ,,Barrukandes", Gefäße, die in der Mitte einen Siebboden enthalten, auf dem der zu lösende Zucker zu liegen kommt. Der Siebboden wird häufig mit einem Seihtuch bedeckt. Durch öfteres Aufgießen des Fruchtsirups auf den Zucker wird dieser vollständig gelöst. Eigentlich soll sich der Fruchtsaft in der Weise nach und nach mit Zucker anreichern, daß der gelöste Zucker in dem Apparat nach unten sinkt, wodurch der Fruchtsaft nach oben gedrängt wird und hier mit dem Zucker in Berührung kommt. Es ist aber auch auf einfachem Wege (durch längeres Stehenlassen unter wiederholtem Umrühren) möglich, Zucker ohne Erhitzen in Fruchtsäften zu lösen. Derartig konzentrierte Lösungen sind, ohne daß man sie aufzukochen braucht, haltbar, da ihr Zuckergehalt es Kleinlebewesen (u. a. auch der Hefe) nicht gestattet, sich zu entwickeln, zu vermehren und dadurch Zersetzungen hervorzurufen. Der Frage der Herstellung derartiger Fruchtsirupe namentlich für die vorerwähnten Zwecke sollte daher im Interesse der Volksgesundheit näher getreten werden. Zudem geht bei der Herstellung der Fruchtsäfte auf kaltem Wege kein Aroma verloren, was ebenfalls Beachtung verdient. Die künstlich hergestellten Fruchtsäfte und Fruchtsirupe sind selbstverständlich vitaminfrei. Weiter dürfte zu prüfen sein, inwieweit bei der Herstellung (beim Einkochen) von Marmeladen, deren Haltbarkeit bekanntlich ebenfalls auf ihrem hohen Zuckergehalt beruht, auf zu starkes Erhitzen verzichtet werden kann, um auch hier die Vitamine möglichst zu schonen. Auch im übrigen wird die Frage zu erörtern sein, ob es möglich ist, Fruchtdauerwaren (z. B. Pflaumenmus) unter weitestgehender Schonung der Vitamine zu gewinnen.

23. Hefe und Backpulver.

Bereits einleitend hatten wir gesehen, daß die sich rasch vermehrenden einzelligen Lebewesen einen besonders hohen Gehalt an Vitamin B aufweisen. Unter den bekannten Lebensmitteln enthält die Hefe den höchsten Gehalt an Vitamin B. Infolgedessen kann man z. B. mit sorgfältig getrockneter Hefe (guter Nährhefe) den Speisen beträchtliche Mengen von Vitamin B zuführen. Hefe spielt weiter bei der Herstellung von Hefeklößen eine Rolle, die auch im Hinblick auf die übrigen Zutaten wie Milch, Eier und Butter ein vitaminreiches sowie auch kalorisch sehr nahrhaftes Lebensmittel darstellen. Die Verwendung von Hefe bei der Herstellung von Gebäcken verschiedenster Art beruht bekanntlich darauf, daß infolge der schnellen starken Vermehrung der Hefe im Teig sowie durch die in ihrem Lebensprozeß erzeugten Enzyme Zucker, der von ihr aus Stärke gebildet werden kann, wenn keiner zugesetzt wurde, in Alkohol und Kohlensäure zerlegt wird, und daß letztere in kleinen Bläschen den Teig auftreibt. Beim Backen des Brotes und der Kuchen wird zwar die Hefe getötet, aber ihr ernährungsphysiologisch sehr wertvoller Inhalt nicht etwa vernichtet, weil beim Backprozeß in der Brotkrume die Temperatur nicht über 100° C steigt, obwohl der Backofen auf mehr als 200° C erhitzt wird. Es gelangen demnach bei der Verwendung von Hefe als Triebmittel Vitamine in das Gebäck, was auch deswegen erwähnenswert ist, weil, wie wir gesehen haben, feinstes Weizenmehl vollständig frei von Vitaminen ist. Anders liegen die Verhältnisse beim Backen mit Backpulver, aus dem auf chemischem Wege unter dem Einfluß der Feuchtigkeit des Brotteiges durch die Einwirkung von organischen Säuren oder sauren Salzen und zwar aus dem im Backpulver enthaltenen doppelkohlensauren Natrium Kohlensäure gebildet wird. Mithin verdient vom ernährungsphysiologischen Standpunkte als Triebmittel Hefe vor dem Backpulver den Vorzug, obwohl andererseits nicht zu verkennen ist, daß Hefe etwas Zucker in Alkohol und Kohlensäure umwandelt, der dadurch der Ernährung verlorengeht, während bei der Verwendung von Backpulver der ursprüngliche Gehalt an kalorischen Nährstoffen erhalten bleibt. Es mag dahingestellt bleiben, ob die durch die Hefe in das Gebäck gelangenden Vitamine den durch die Gärung entstehenden Verlust an Zucker aufwiegen. Da aus Hefe vitaminreiche Auszüge gewonnen werden können, gelingt es vielleicht demnächst, derartige vitaminreiche Extrakte in einer haltbaren Form für die Zwecke der menschlichen Ernährung herzustellen. Wiederholt wurde schon geltend gemacht, daß in den zu vergärenden Flüssigkeiten die Hefegärung (Kohlensäureentwicklung) proportional dem Vitamingehalt dieser Flüssigkeiten sei, also die Vitamine die Lebenstätigkeit der Hefe entsprechend beeinflußten. Da man aber andererseits Hefe auch in vitaminfreien Flüssigkeiten (z. B. in wässerigen Zuckerlösungen unter Zusatz geeigneter Nährsalze) zur Entwicklung und Gärung bringen kann, so ergibt sich m. E., daß die Hefe ihrerseits in ihrem Organismus Vitamine bildet, sie also nicht oder jedenfalls nicht ausschließlich ihrer Nahrung entnimmt. In der Regel enthält allerdings ihre Nahrung Vitamine (z. B. Bierwürze, Getreidemaische, Traubensaft, Obstsaft und Rübenzuckermelasse).

24. Honig und Kunsthonig.

Darüber, ob im Honig. der schon von altersher sowohl als Lebensmittel als auch als Heilmittel in der Bevölkerung besonders gewürdigt worden ist, Vitamine eine Rolle spielen, liegen hinreichende Erfahrungen noch nicht vor. Man sollte aber namentlich bei den Blütenhonigen vermuten, daß in ihnen Vitamine vorkommen, zumal sie Enzyme enthalten. Leider ist es hier und da üblich, den Honig, wenn er mehr oder weniger erstarrt ist, zu erhitzen, um ihn zu verflüssigen. Auch im Handel ist dies zu beobachten, weil das Publikum vielfach der irrigen Ansicht sein soll, daß unverfälschter Honig flüssig sei, und weil weiter flüssiger Honig als Brotaufstrichmittel vielfach beliebter als fester Honig ist. Durch das Erhitzen des Honigs werden aber jedenfalls in der Regel die Enzyme zerstört, worauf es zurückzuführen ist, daß vom Standpunkte der Nahrungsmittelchemie verlangt wird, Honig, der so stark erhitzt worden ist, daß seine diastatischen Fermente zerstört sind, im Verkehr entsprechend (z. B. als „erhitzten Honig") zu kennzeichnen. Sollte sich demnächst ergeben, daß im Honig neben Enzymen auch Vitamine vorkommen, so ist auf eine derartige Kennzeichnung noch weit größerer Wert zu legen, da Honig ein vorzügliches und allgemein beliebtes Nahrungsmittel namentlich für Kinder darstellt. Da andererseits **Kunsthonig** Vitamine nicht enthalten kann, sofern ihm nicht etwa solche zugesetzt werden, wird gegebenenfalls der Kunsthonig in der Vitaminfrage ähnlich so wie die Margarine zu beurteilen sein.

25. Traubenwein, Obstwein und Malzwein.

Im Abschnitt Obst war bereits darauf hingewiesen worden, daß der Traubensaft reich an Vitamin B ist und auch reichlich Vitamin C enthält. Da diese Vitamine durch Alkohol, insbesondere durch die im Wein in Betracht kommenden Alkoholmengen, nicht zerstört werden und weiter auch damit zu rechnen ist, daß bei der Vergärung des Mostes durch die Hefe auch noch Vitamine gebildet werden (vgl. die Ausführungen über Hefe), so ist anzunehmen, daß im Wein Vitamine in erheblichen Mengen vorkommen. Tatsächlich ist hierauf bereits in der Wissenschaft hingewiesen worden. Es gibt allerdings gewisse konzentrierte Süßweine, deren Most zunächst teilweise eingekocht wurde, wobei im Hinblick auf die hierbei in Betracht kommende Temperatur die Vitamine mehr oder weniger zerstört werden. Infolgedessen können derartige Weine unter Umständen weniger Vitamine als die übrigen enthalten. Übrigens werden auch gewisse ausländische Süßweine, die z. T. mit Hilfe von Rosinen hergestellt sind, vitaminärmer als entsprechende gute Süßweine sein, da wir gesehen hatten, daß beim Trocknen von Obst, Gemüse und auch anderen Lebensmitteln in der Regel der Vitamingehalt erheblich sinkt. Weiter wird auch der Vitamingehalt der **Obstweine** aus den zuvor angegebenen Gründen Beachtung verdienen. Hinsichtlich der **Malzweine** liegen die Verhältnisse entsprechend (vgl. die Ausführungen über Malz).

26. Bier.

Da Bier aus einem Malzauszug hergestellt wird, sollte man in ihm reichlich Vitamine vermuten. Andererseits ist aber nicht zu verkennen, daß der Malzauszug bei der Bereitung der Bierwürze stark erhitzt wird. Bei der demnächst stattfindenden Vergärung können aber noch aus der Hefe Vitamine in das Bier gelangen. Es ist daher wohl damit zu rechnen, daß es gelingt, in dem Bier nicht belanglose Vitaminmengen festzustellen. Es ist somit nicht ausgeschlossen, daß alkoholarmen und extraktreichen Malzbieren auch hinsichtlich des Vitamingehaltes für stillende Mütter eine Bedeutung zukommt.

27. Alkoholfreie Getränke.

Nach der hier zu erörternden Richtung interessieren selbstverständlich die Mineralwässer nicht, sondern nur solche Getränke, die mit Hilfe von natürlichen oder künstlichen Fruchtsäften hergestellt werden. Hinsichtlich der natürlichen Fruchtsäfte verweise ich auf die vorstehenden Ausführungen über Fruchtsäfte und Fruchtsirupe. Im Verkehrsleben spielen in der Regel nicht natürliche Fruchtsäfte, sondern Lösungen von Zucker oder Süßstoff eine Rolle, die mit Weinsäure, Zitronensäure oder Milchsäure versetzt, künstlich gefärbt und aromatisiert sind. Als Aroma kommen sowohl natürliche Aromastoffe der Früchte als auch chemisch hergestellte Kunstprodukte in Frage. In allen diesen Rohstoffen sind Vitamine nicht enthalten; denn sie kommen lediglich in den natürlichen Fruchtsäften vor. Schon im Hinblick auf die erforderliche Bekämpfung des Alkoholmißbrauchs sollte der Herstellung guter alkoholfreier Getränke weit mehr Beachtung als bisher geschenkt werden. Nachdem aber die Erfahrungen der Neuzeit gelehrt haben, daß in den vorerwähnten, durch Gärung gewonnenen alkoholischen Genußmitteln mit dem Vorhandensein nicht unwesentlicher Mengen von Vitaminen zu rechnen ist, liegt m. E. für die Industrie alkoholfreier Getränke ein weiterer Anlaß dazu vor, zu versuchen, durch Verwendung natürlicher Fruchtsäfte ebenfalls vitaminhaltige Getränke zu gewinnen.

28. Zucker (Rübenzucker und Milchzucker).

Der reine (raffinierte) Rohr- bzw. Rübenzucker, den wir in der Vorkriegszeit im Haushalte ausschließlich noch verwendeten, und den auch die Lebensmittelindustrie damals verarbeitete, war frei von Vitaminen. Reinster Milchzucker ist ebenfalls frei davon. Es ist jedoch nicht ganz einfach, vitaminfreien Milchzucker herzustellen, und es ist daher im Hinblick auf die bereits erörterte Beschaffenheit der Ausgangsmaterialien (Rübensaft und Milch bzw. Molken) anzunehmen, daß Rüben-Rohzucker und selbst der durch Behandlung dieses Rohzuckers mit Wasserdampf unter Zentrifugieren (durch Abwaschen von Melasse) gewonnene Weißzucker, den wir aus der Kriegszeit und den ersten Friedensjahren wegen seines mehr oder weniger gelblichen Aussehens in der Erinnerung haben, und der auch jetzt noch in den Verkehr gelangt, vitaminhaltig ist, zumal dies beim rohen und auch beim nicht vollständig gereinigten Milchzucker festgestellt wurde. Es wurde z. B. auch deswegen schon empfohlen, Rohzucker verschiedenen Ursprunges an Stelle von raffiniertem Zucker (Raffinade) sowie von Weißzucker zu verwenden, weil die dem Rohzucker als Bestandteil der Melasse anhaftenden anorganischen Stoffe für die menschliche Ernährung wertvoll seien, jedoch ist auch zu beachten, daß raffinierter und Weißzucker als Genußmittel weit wertvoller als Rohzucker sind, und daß die den Rohzuckern anhaftenden Vitamin- und Mineralstoffmengen im Hinblick auf die Zusammensetzung unserer gemischten Kost entbehrlich sein dürften, ganz abgesehen davon, daß manche Rohzucker aus verschiedenen Gründen unangenehm, sogar widerlich schmecken. Es gibt allerdings auch als Lebensmittel durchaus brauchbare Rohzuckerarten.

29. Essig.

Der Essig spielt im allgemeinen bei der Zubereitung von Speisen nicht eine derartige Rolle, daß sein Vitamingehalt von wesentlicher Bedeutung sein könnte. Da die Vitamine gegen organische Säuren in der hier interessierenden Konzentration nicht empfindlich sind, ist z. B. damit zu rechnen, daß der Weinessig — ebenso wie der Wein — Vitamine und zwar etwa in dem Verhältnis enthält, in dem Wein bei der Herstellung von Weinessig verwendet worden ist. Leider spielt im sogenannten Weinessig des Handels der Gehalt an Weinbestandteilen schon seit geraumer Zeit nicht mehr die Rolle wie ehedem, als der Weinessig noch lediglich aus Wein durch Essigsäuregärung gewonnen wurde. Bieressig und Malzessig sind fast vollständig aus dem Verkehr verschwunden. Sollten sie gelegentlich noch hergestellt werden, so wäre aus den unter Bier und Malzwein angegebenen Gründen mit der Möglichkeit des Vorkommens von Vitaminen zu rechnen. Kunstessig, gewöhnlicher Speiseessig, der lediglich durch Verdünnen von Essigsäure (Essigsprit) mit Wasser unter Zusatz von Aromastoffen hergestellt ist, kann naturgemäß Vitamine nicht enthalten. Andererseits ist es aber nicht ausgeschlossen, daß der aus verdünntem Sprit unter Zusatz von gewissen Nährstoffen durch Essiggärung gewonnene Gärungsessig einen gewissen Vitamingehalt aufweist, da vielleicht durch die Essigsäurebakterien Vitamine gebildet werden und so in diesen Essig gelangen. Diese Frage bedarf also noch der Klärung.

30. Diätetische Nährmittel.

Die Entwicklung der Vitaminforschung läßt damit rechnen, daß die Herstellung und der Vertrieb von solchen Nährmitteln, die besonders vitaminreich sein sollen und daher zur Verhütung oder Heilung von Stoffwechselkrankheiten der eingangs erörterten Art bestimmt sind, allmählich einen größeren Umfang annimmt, zumal die Fabrikation von diätetischen Nährmitteln und Geheimmitteln ein beliebtes Gebiet der gewerblichen Betätigung darstellt. Ich hatte schon darauf hingewiesen, daß z. B. eine Lebertranemulsion in den Verkehr gelangt, der Auszüge aus Reiskleie und anderen vitaminreichen Stoffen zugesetzt worden sein sollen, um sie reich an den verschiedenen Vitaminen zu gestalten. Unter dem Namen Vitaminose gelangt weiter von der Firma Dr. V. Klopfer ein Weizenvitaminextrakt in den Verkehr, das ärztlich empfohlen worden ist. Orypan wird ein Erzeugnis der Gesellschaft für chemische Industrie in Basel genannt; die Chemischen Werke Rudolstadt vertreiben unter dem Namen Rubio einen Mohrrübenextrakt. Es wäre zu bedauern, wenn sich nach dieser Richtung etwa eine bedenkliche Industrie entwickeln sollte. Keinesfalls sollte die Industrie ohne Mitwirkung von besonders erfahrenen Fachleuten arbeiten, zumal noch viele schwierige Fragen zu lösen sind. Denn ganz abgesehen davon, daß die Vitaminforschung noch in der ersten Entwicklung ist und daher noch weitestgehend der Klärung bedarf, zumal bisher über die chemische Struktur der Vitamine überhaupt noch nichts bekannt ist, würde es nur durch außerordentlich zeitraubende und kostspielige physiologische Versuche möglich sein, den Wert der etwa auftauchenden Präparate zu prüfen. Infolgedessen wird man sich jedenfalls bis auf weiteres angeblich vitaminreichen diätetischen Nährmitteln gegenüber skeptisch verhalten müssen, sofern nicht etwa besonders erfahrene und zuverlässige Sachverständige ihre Brauchbarkeit verbürgen. Sollten sich demnächst Mißstände bemerkbar machen, so sei schon jetzt darauf hingewiesen, daß sie mit Hilfe der Verordnung gegen irreführende Bezeichnung von Nahrungs- und Genußmitteln vom 26. Juni 1916 wirksam bekämpft werden können, die demjenigen Gefängnis bis zu 6 Monaten und Geldstrafe bis zu 15 000 M. oder eine dieser Strafen androht, der Lebensmittel unter einer zur Täuschung geeigneten Bezeichnung oder Angabe anbietet, feilhält, verkauft oder sonst in den Verkehr bringt. Z. B. kam mir kürzlich ein sogen. ,,Eiweiß-Vitamin-Zucker" unter die Hände, der lediglich aus einem Gemisch von 99% Zucker und 1% Trockenhefe bestand.

31. Verhalten der Vitamine gegen Konservierungsmittel.

Hierüber liegen m. W. bisher besondere Erfahrungen noch nicht vor. Die Frage hat aber im Hinblick darauf, daß in der Lebensmittelindustrie sowie auch im Haushalte vielfach Konservierungsmittel zwecks Erhaltung von Lebensmitteln Verwendung finden, eine nicht untergeordnete Bedeutung. Nach den bisherigen Beobachtungen scheinen organische Säuren die Vitamine nicht nachteilig zu beeinflussen, vielmehr günstig auf ihre Haltbarkeit einzuwirken. Denn in vielen Früchten, die reich an Vitaminen sind, spielen organische Säuren, wie wir unter Obst gesehen haben, eine erhebliche Rolle. Es ist daher zu vermuten, daß z. B. Milchsäure, Essig, Ameisensäure und Benzoesäure Vitamine nicht angreifen werden. Andererseits haben wir aber gesehen, daß die Vitamine durch Oxydation leicht zerstört werden (z. B. beim Trocknen von Lebensmitteln unter dem Einfluß von Luftsauerstoff sowie beim Erhitzen von Fetten unter Umrühren). Es ist daher mit der Möglichkeit zu rechnen, daß z. B. Wasserstoffsuperoxyd als Konservierungsmittel nicht harmlos ist, was u. a. deswegen Beachtung verdient, weil häufig die Milch im Verkehr mit geringen Mengen Wasserstoffsuperoxyd behandelt wird.

Die Betrachtungen über unsere Lebensmittel ließen sich leicht weiter fortsetzen, doch möchte ich hiervon absehen, da ich lediglich einen allgemeinen Überblick zu geben beabsichtigte. Blicken wir am Schluß einmal kurz zurück auf das, was ich zu der mir gestellten Frage: ,,Wird voraussichtlich die weitere Erforschung der physiologischen Bedeutung der Vitamine die bisherige Herstellung, Zubereitung und Beurteilung der Lebensmittel wesentlich beeinflussen?" ausgeführt habe, so ergibt sich, daß auch der vornehmlich zur Überwachung des Verkehrs mit Lebensmitteln berufene Nahrungsmittelchemiker, sowie jeder, der sich mit Ernährungsfragen zu beschäftigen hat, allen Anlaß dazu haben, die weitere Entwicklung der Vitaminforschung sorgfältig zu verfolgen, da sie aus den verschiedensten Gründen geeignet ist, die Beurteilung der Lebensmittel vom Standpunkte der Volksernährung und Volksgesundheit wesentlich zu beeinflussen. Je ärmer ein Volk ist, um so mehr ist es in der Auswahl der Lebensmittel beschränkt, um so mehr muß es daher im Interesse seiner Gesundheit allen Ernährungsfragen weitestgehend Beachtung schenken. Hoffentlich gelingt es der Wissenschaft in absehbarer Zeit, das Dunkel zu lichten, das in chemischer Hinsicht die Vitamine noch einhüllt, damit die Physiologie in die Lage kommt, mit den Körpern selbst exakt zu arbeiten, deren Wirkungen sie bisher nur zu beobachten vermag.

Druck der Spamerschen Buchdruckerei in Leipzig.

Verlag von Julius Springer in Berlin W 9

DIE VOLKSERNÄHRUNG

VERÖFFENTLICHUNGEN AUS DEM TÄTIGKEITSBEREICHE DES
REICHSMINISTERIUMS
FÜR ERNÄHRUNG UND LANDWIRTSCHAFT

HERAUSGEGEBEN UNTER MITWIRKUNG DES
REICHSAUSSCHUSSES FÜR ERNÄHRUNGSFORSCHUNG

1. Heft:
Das Brot
Von Professor Dr. med. et phil. R. O. Neumann
Geheimer Medizinalrat, Direktor des Hygienischen Instituts
der Universitat Bonn

1922. GZ. 1,4

2. Heft:
Nahrungsstoffe mit besonderen Wirkungen
unter besonderer Berücksichtigung der Bedeutung bisher noch unbekannter
Nahrungsstoffe für die Volksernährung
Von Professor Dr. med. et phil. h. c. Emil Abderhalden
Geheimer Medizinalrat, Direktor des Physiologischen Instituts
der Universitat Halle a. S.

1922. GZ. 0,3

3. Heft:
Fette und Öle in der Ernährung
Von Professor Dr.-Ing., Dr. phil. A. Heiduschka
Direktor des Laboratoriums fur Lebensmittel- und Garungs-Chemie
der Technischen Hochschule Dresden

Erscheint Ende 1922

5. Heft:
Zucker und andere Süßstoffe
Von Dr. phil. et med. Theodor Paul
ord. Professor an der Universitat Munchen, Direktor der Deutschen Forschungsanstalt
fur Lebensmittelchemie, Geheimer Regierungsrat und Obermedizinalrat

In Vorbereitung

Die Grundzahlen (GZ.) entsprechen den ungefähren Vorkriegspreisen und ergeben mit dem jeweiligen Entwertungsfaktor (Umrechnungsschlüssel) vervielfacht den Verkaufspreis. Über den zur Zeit geltenden Umrechnungsschlussel geben alle Buchhandlungen sowie der Verlag bereitwilligst Auskunft.

Verlag von Julius Springer in Berlin W 9

Die deutsche Lebensmittel-Gesetzgebung, ihre Entstehung, Entwicklung und künftige Aufgabe. Von Professor Dr. A. Juckenack, Geh. Reg.-Rat, Ministerialrat und Direktor der Staatlichen Nahrungsmittel-Untersuchungsanstalt in Berlin. Vortrag, gehalten am 22. August 1921 auf der Hauptversammlung und Reichsausstellung des Reichsverbandes deutscher Kolonialwaren- und Lebensmittelhändler in Frankfurt a. M. 1921. GZ. 0.6

Aus den zahlreichen Besprechungen:

Juckenack veroffentlicht den Vortrag, wie er im Vorworte schreibt, in der „Annahme, daß es gerade in der gegenwartigen Zeit, in der ein lebhaftes Interesse fur Lebensmittelfragen verschiedener Art in weiten Kreisen vorhanden ist, manchem willkommen sein durfte, einmal kurz einen Einblick in die Geschichte des Lebensmittelverkehrs und der Lebensmittelgesetzgebung nehmen zu konnen".

Wir teilen diese Erwartung und empfehlen deshalb den Lesern unserer Zeitschrift die Anschaffung der Broschure, die in gedrangter Form einen guten Überblick uber den Gang der deutschen Lebensmittelgesetzgebung bietet. *„Zeitschrift für öffentliche Chemie"*

In dieser Abhandlung, die zunachst als Vortrag auf der Hauptversammlung des Reichsverbandes deutscher Kolonialwaren- und Lebensmittelhandler in Frankfurt a. M. in die Öffentlichkeit gelangte, gibt der Verfasser ein außerst anschauliches Bild der Entwicklung der deutschen Lebensmittelgesetzgebung von ihren ersten, geschichtlich nachweisbaren Anfangen an bis zu den Forderungen der Jetztzeit. Er zeigt, wie die behordliche Überwachung von der Ausschaltung der verdorbenen Lebensmittel, uber den Kampf gegen die Verfalschungen zu der Kontrolle auf Grund der allgemeinen Hygiene der Ernahrung gelangte. An das neue Nahrungsmittelgesetz stellt Verfasser die Forderung, daß es angesichts der sehr wechselnden Verhaltnisse im Lebensmittelverkehr nicht starr festgelegt werden durfe, sondern dem Erlaß rechtsverbindlicher Festsetzungen im Verordnungswege — als reichsrechtlicher Ausfuhrungsbestimmungen — Spielraum gewahren musse. Die Abhandlung ist äußerst lesenswert. Sie erweckt den Wunsch, die Materie aus derselben Feder erschopfend behandelt zu sehen.
„Pharmazeutische Zeitung"

Die Grundlagen unserer Ernährung und unseres Stoffwechsels. Von **Emil Abderhalden,** o. ö. Professor der Physiologie an der Universität Halle a. S. D r i t t e , erweiterte und umgearbeitete Auflage. Mit 11 Textfiguren. 1919. GZ. 3,5

Handbuch der Ernährungslehre. Bearbeitet von **C. von Noorden, H. Salomon, H. Langstein.** In drei Bänden.
E r s t e r B a n d : **Allgemeine Diätetik.** (Nährstoffe und Nahrungsmittel, allgemeine Ernährungskuren.) Von Dr. **Carl von Noorden,** Geheimer Medizinalrat und Professor in Frankfurt a. M., und Dr. **Hugo Salomon,** Professor in Wien. (Aus „E n z y k l o p ä d i e d e r k l i n i s c h e n M e d i z i n". Allgemeiner Teil.) 1920. GZ. 38

Verlag von J. F. Bergmann in München

Die Vitamine, ihre Bedeutung für die Physiologie und Pathologie. Von **Casimir Funk,** Associate im Biological Chemistry, College of Physicians and Surgeons, Columbia University, New York City. Mit 73 Abbildungen im Text. Z w e i t e , gänzlich umgearbeitete Auflage. 1922.
GZ. 11; gebunden GZ. 13

Die Grundzahlen (GZ.) entsprechen den ungefähren Vorkriegspreisen und ergeben mit dem jeweiligen Entwertungsfaktor (Umrechnungsschlüssel) vervielfacht den Verkaufspreis. Über den zur Zeit geltenden Umrechnungsschlüssel geben alle Buchhandlungen sowie der Verlag bereitwilligst Auskunft.

MIX
Papier aus verantwortungsvollen Quellen
Paper from responsible sources
FSC® C105338

If you have any concerns about our products,
you can contact us on
ProductSafety@springernature.com

In case Publisher is established outside the EU,
the EU authorized representative is:
**Springer Nature Customer Service Center GmbH
Europaplatz 3, 69115 Heidelberg, Germany**

Printed by Libri Plureos GmbH
in Hamburg, Germany